熊谷裕子
迷人的甜點私旅

Arrange Book

一邊旅行，一邊跟著當地人做甜點
親切圖解，走訪世界 14 個地域，寫下創意巧思的特色食譜！

Craive Sweets Kitchen
熊谷裕子

瑞昇文化

CONTENTS

德國 & 澳洲 的食譜

5　罌粟籽與櫻桃糖粉奶油塔

8　黑糖德式聖誕蛋糕

12　蘋果果餡捲

15　焦糖柑橘裝飾蛋糕

斯洛維尼亞 & 克羅埃西亞 的食譜

21　波提察蛋糕

28　無花果塔

義大利 的食譜

35　濃縮咖啡 Espresso 蛋糕

38　開心果櫻桃蛋糕

44　法式巧克力佛羅倫提焦糖餅

黎巴嫩 & 伊朗 的食譜

49　紅酒煮蘋果起司蛋糕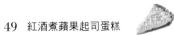

54　開心果仁「Gaz 風」奶油酥餅

台灣 的食譜

59　鳳梨奶油蛋糕

65　基本麵團的製作方法

拉脫維亞 & 愛沙尼亞 的食譜

67　金線李糖粉奶油蛋糕

70　莓類杏仁蛋糕

74　燒焦奶油蜂蜜瑪德蓮 & 糖漬柚子瑪德蓮

比利時 & 法國 的食譜

79　巧克力奶油圓蛋糕

82　澳洲胡桃巧克力

86　錦玉風法式水果軟糖

89　蘋果法式焦糖奶油酥

94　後記

TRAVEL COLUMN

11　聖誕市集	42　西西里島	72　拉脫維亞
18　法蘭克福	46　佛羅倫斯	77　愛沙尼亞
19　維也納	52　黎巴嫩	84　比利時
26　斯洛維尼亞	56　伊朗	92　阿爾薩斯
32　克羅埃西亞	64　台灣	93　巴黎

保持著每個國家的風味
完成美味的食譜

約從 10 年前開始，我每年會為了充電而到世界各國旅行 1、2 次。

雖說是充電，一旦出國，還是不自覺地一直在研究各地的甜點們。各國的傳統甜點，雖然都很樸素並不華麗吸睛，但有像海鹽奶油做成的法式奶油酥餅等使用特產品材料的甜點，或是含有宗教意味的德式聖誕蛋糕等，味道與形狀都很有個性，是飽含當地的土地及文化的味道。無論如何，能從這些被人們喜愛並流傳下來的傳統甜點中感受到「絕對的美味」，是再好不過的事了。

我為那樣的魅力所著迷，最近在當地的蛋糕店學習，聽主廚們談話，參加烘焙教室等，以積極地學習傳統糕點為旅行的目的。

不可思議的是，在日本想要重現當地的美味甜點，很多時候不是太甜就是太過濃厚，多半是因為氣候或飲食習慣影響了味覺，產生不合口味的感覺。

因此，配合住在日本的我們的味覺來調整材料與作法，並努力留下傳統甜點的氣氛，完成了我流的甜點食譜。而且也在樸素的外表上加了點巧思，能感受到它的可愛之處。

本書介紹從各式體驗中獲得的靈感所創造出的「真的很美味的食譜」，以及各國的甜點故事，應該可以為您帶來不同於一般甜點的美味樂趣。

本書的閱讀方法

關於材料

＊砂糖用白砂糖或是細砂糖都可以，但有註明「糖粉」或「細砂糖」時請使用指定的品項。
＊蛋都用大顆的蛋，蛋黃約 20 克，蛋白約 40 克。
＊生奶油請使用動物性脂肪 35% 或 36% 的。
＊需要擀麵的時候，一般都使用高筋麵粉，沒有的話用低筋麵粉也可以。

關於道具

＊請使用適當大小的碗與打蛋器。製作的量很小卻使用太大的容器的話，蛋白與奶油等無法順利打發，也很難與麵粉混合。
＊提早將烤箱預熱至指定溫度。
＊烘烤時間、溫度根據家用烤箱不同多少會有差異，請一邊觀察烘烤的程度一邊調整。本書記載的溫度與時間是以一般家用瓦斯式烤箱為參考基準。
＊本書使用的烤模與器具在烘焙材料行皆可購買。

從旅行中產生的食譜

德國
Germany & Austria
澳洲

罌粟籽與櫻桃糖粉奶油塔

德國
法蘭克福
★
紐倫堡
維也納
★
奧地利

蘋果果餡捲

黑糖德式聖誕蛋糕

焦糖柑橘裝飾蛋糕

德國與奧地利的甜點，比起裝飾，口味才是勝負關鍵！

這些甜點以嚴選的素材，麵粉與奶油的比例都經過精算而完成的。
如「年輪蛋糕」、「薩赫蛋糕」等，在日本也成為蛋糕店不可或缺
的甜品而廣為人知，也很合日本人的口味。

並且，在歐洲著名的聖誕市集上，聖誕裝飾品、甜酒（添加辛香
料煮製的熱紅酒）、季節限定的甜點及麵包攤位櫛比鱗次排開，這
些甜點大多撒滿香料或果乾、堅果，風味奢侈，是日本人喜歡的個
性甜點。

因此，這一章介紹改良過、不會裝飾過頭、在家裡也容易製作的
食譜。

罌粟籽與
櫻桃糖粉奶油塔

　　糖粉奶油塔是用像魚鬆一樣的細小粒狀的基底製作,魅力就是其鬆散的口感。現在已廣為世界上的甜點師傅使用,但起源是德國的甜點技法。

　　在酥鬆的基底中加入滿滿的罌粟籽,塔底則加入覆盆子醬與酒漬櫻桃。噗滋噗滋的口感與酸甜的滋味,請享受這口感與味覺的對比。

罌粟籽與櫻桃糖粉奶油塔

Germany

材料 　直徑 16cm 的塔模一個份

甜塔皮

無鹽奶油	35g
糖粉	25g
蛋黃	1 個
低筋麵粉	70g

糖粉奶油細末

無鹽奶油	12g
糖粉	12g
低筋麵粉	35g
檸檬皮屑	少許
肉桂粉	少許
水	3g

罌粟籽基底

無鹽奶油	30g
砂糖	30g
全蛋	30g
杏仁粉	30g
檸檬皮碎屑	少許
低筋麵粉	10g
生罌粟籽	20g
覆盆子醬	40g
酒漬櫻桃（市售品）	30g

裝飾

不會融化的糖粉、開心果、酒漬櫻桃	
	各適量

＊不會融化的糖粉是用來做裝飾用的糖粉。

事前準備　・將「甜塔皮」參照 65 頁的作法製作，放入冰箱冷藏醒麵。
　　　　　　 ・將烤蛋糕用的酒漬櫻桃切半，用廚房紙巾包起來吸乾水分。
　　　　　　 ・裝飾用的酒漬櫻桃則不用切，直接用廚房紙巾吸乾水分。

作法

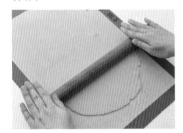

1　邊灑麵粉（份量外）在甜塔皮上，邊用擀麵棍將麵團擀成 3mm 左右、厚度均一、比烤模大一些的圓形。

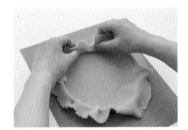

2　將麵皮鋪在置於烘焙紙上的烤模上。將麵皮壓入烤模的側邊，沿著烤模的形狀鋪好。

3　用指頭將麵皮壓入烤模的邊角，讓麵皮完全貼緊烤模的形狀。壓過頭的話麵皮會變薄，注意要讓麵皮保持相同的厚度。

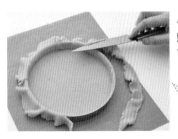

4　用較鋒利的刀子，用滑的方式將多出來的麵皮沿著烤模的邊緣切下。

Point

麵皮太軟的時候，只要將其放入冰箱冷藏一下讓麵皮更結實，就可以切得很俐落。稍微調整一下厚度更好。

Point

快速進行作業不要讓麵皮垂軟，若是製作到一半時麵皮軟掉的話可以放進冰箱待其緊實再製作。麵皮很黏稠時也可以加一點麵粉來調節。

5 用叉子在麵皮底座穿透戳洞。可以烤得較透，也能避免烤了之後縮小、麵皮底部往上縮等。將麵皮放入冰箱冷藏備用。

6 參考 65 頁，製作糖粉奶油細末。在這裡加入檸檬皮碎屑及肉桂粉。

7 製作罌粟籽基底。奶油於室溫中放置變軟後，再將所有的材料依照材料表順序放入，每放入一樣都攪拌均勻一次。最後再加入生的罌粟籽混合。

8 在 **5** 中盛入覆盆子醬，用橡皮刮刀抹平。將拭去水氣的對半切酒漬櫻桃平均鋪上。

9 鋪上罌粟籽基底，展開並抹平。烘烤之後會蓬起來，所以中間稍微讓它凹陷一點。

10 將 **6** 平均鋪上。

11 用 180 度烤 30 ～ 35 分鐘。烤出香味與金黃色即可。將其脫模並放涼。

12 等到完全冷卻之後，將不會融化的糖粉過篩後撒在邊緣上，並用開心果碎粒及酒漬櫻桃等裝飾。

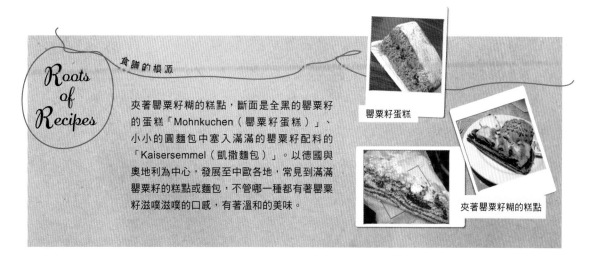

Roots of Recipes　食譜的根源

夾著罌粟籽糊的糕點，斷面是全黑的罌粟籽的蛋糕「Mohnkuchen（罌粟籽蛋糕）」、小小的圓麵包中塞入滿滿的罌粟籽配料的「Kaisersemmel（凱撒麵包）」。以德國與奧地利為中心，發展至中歐各地，常見到滿滿罌粟籽的糕點或麵包，不管哪一種都有著罌粟籽滋嘆滋嘆的口感，有著溫和的美味。

罌粟籽蛋糕

夾著罌粟籽糊的糕點

黑糖德式聖誕蛋糕

Germany

　　麵皮中揉進滿滿果乾與堅果的德式聖誕蛋糕，是德國在聖誕節不可或缺的發酵糕點。在日本也為人熟知，近來還出現了一整年都會販售德式聖誕蛋糕的店。備齊材料、等待發酵熟成等，需要花費不少工序及時間，但每天吃一片手工德式聖誕蛋糕，一邊慢慢等待聖誕節的到來，是最道地的樂趣了。

　　用黑糖取代砂糖加入麵團，表面再使用糖粉，可以做出有深度的濃厚味道。推薦待其好好的熟成，讓所有的味道融合在一起之後再食用。

材料　　約 15cm 的德式聖誕蛋糕兩個份

發酵麵團

\<A\>

高筋麵粉	80g
低筋麵粉	80g
乾酵母	5g
牛奶	50g
全蛋	40g
黑糖（粉狀）	7g
無鹽奶油（於室溫下放軟）	25g

\<B\>

黑糖（粉狀）	25g
鹽	3g
水	5g
肉桂粉	少許
無鹽奶油（於室溫下放軟）	25g

內餡

核桃（烤過的）	50g
乾草莓（粗粒）	50g
萊姆葡萄乾	50g
橘子皮（粗屑）	30g
杏仁糖霜	40g
無鹽奶油	20g
細砂糖	適量
糖粉	適量

＊自製萊姆葡萄乾的話，用萊姆酒淺淺淹過葡萄乾，醃漬 10 日以上。

事前準備　將內餡用的核桃以 180 度烤 8 ～ 10 分鐘，冷卻後切成粗粒。

作法

1　製作預先發酵的中種麵團。將奶油以外的 \<A\> 材料放進大碗中，好好混合所有材料，整理成一個麵團。

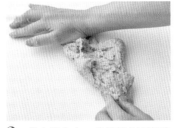

2　放在平台上，往前推伸再朝自己對摺回來。不停重覆這個動作的話，表面會慢慢變得平滑。

3　表面平滑到手不容易抓住時，加進已經變軟的奶油搓揉。搓揉至奶油完全融入麵團，再次呈現光滑狀。

4 整理成表面光滑的球狀置入碗中。蓋上保鮮膜，放在 30 度左右的溫度下靜候一小時至其發酵成 2 倍大。

5 將 **4** 放在平台上推開，加入 <B> 的所有材料混合。

6 用跟之前一樣的方式揉至其全體均勻一致且光滑

7 加入內餡。先加入核桃與草莓稍微混合，再放入去掉水分的萊姆葡萄乾和橘皮粗屑，再將這些餡料包起來並混合。

8 整體混合後將其整理成表面光滑的球狀，放入碗中蓋上保鮮膜。放入冰箱冷藏發酵，使其膨脹至約兩倍大。

9 將杏仁糖霜分成兩半，將其各搓成 10 公分左右的棒狀。

10 將 **8** 的麵團分成兩等分，用擀麵棍擀成約 10cm 大的橢圓形，然後將杏仁糖霜放上去。

11 將兩端錯開 1 ～ 2cm 後對摺，中間用擀麵棍輕輕壓一下。另一個也做成一樣的形狀。

before

after

12 放在鋪好烘焙紙的烤盤上，蓋上保鮮膜後在 30 度左右的地方放置 1 小時使其發酵。約膨脹至 1.2 倍大。

13 放進烤箱以 180 度烤 25 ～ 30 分鐘。烤好時在表面塗上滿滿的融化的奶油。

14 在密閉容器中鋪上鋁箔紙和細砂糖，放入 **13** 的德式聖誕蛋糕，從上方撒上細砂糖，再撒糖粉。冷卻後蓋上蓋子，在陰涼的地方放置一週左右會變得很好吃。可以放上 2 ～ 3 週左右。

歐洲的聖誕市集

聖誕市集從 11 月最後一個禮拜開始,幾乎到了「哪裡有廣場哪裡就有市集」的程度,在歐洲各處開市,大概持續到 1 月 6 日的主顯節為止。特別有名的是德國的紐倫堡與斯圖加特。並排的攤子販賣著熱紅酒(加入香料的熱紅酒)、烤香腸、聖誕蛋糕和各種裝飾等。

市集會開到很晚,廣場與道路被閃亮的彩燈點綴著。為了孩子們還設置了摩天輪和旋轉木馬。

我造訪的紐倫堡和法蘭克福的廣場都有很大的市集。觀光客很多、周圍的飯店也都客滿。

可以享受熱鬧的節慶氣氛以及開心逛街的聖誕市集,請一定要造訪一次看看。

也有賣烘焙用具,矽膠模型的形狀也很豐富。我買了雪的結晶形狀的木製餅乾模和薑餅模當土產。

維也納的照明精緻而不浮誇。

被稱為「世界最有名」的聖誕市集,從白天就熱鬧非凡。

糖霜餅乾、薑餅的吊飾、用餅乾做的薑餅屋、跟人臉一樣的蝴蝶脆餅等,聖誕節期間有許多各式各樣的甜點。

也有專賣巧克力點心的攤子,淋上巧克力的水果深受孩子們的喜愛,讓我想起了日本的「蘋果糖」(一種用蘋果做的糖葫蘆)。

蘋果果餡捲

在東歐與中歐廣為大眾熟知的果餡捲。這個糕點所使用的薄麵皮，原本起源於阿拉伯，慢慢再傳至歐洲，並加入水果或起司等內餡作成捲狀烤。材料有很多種，最受歡迎的是酸甜的蘋果。

原本應該要將麵皮擀成紙張一樣大，將內餡捲起來並經過長時間的烘烤即完成，這邊介紹用家庭烤箱也可以烤的尺寸的食譜。請在烤好當天，趁麵皮酥脆時享用。

Austria

材料　約 30cm 一個

果餡捲麵皮
　低筋麵粉⋯⋯⋯⋯⋯⋯⋯⋯⋯⋯130g
　鹽⋯⋯⋯⋯⋯⋯⋯⋯⋯⋯⋯⋯⋯2g
　溫水⋯⋯⋯⋯⋯⋯⋯⋯⋯⋯⋯⋯60g
　沙拉油⋯⋯⋯⋯⋯⋯⋯⋯⋯⋯⋯30g
內餡
　紅玉蘋果⋯⋯⋯⋯⋯⋯⋯4～5個
　砂糖⋯⋯⋯⋯⋯⋯⋯⋯⋯⋯⋯30g
　水⋯⋯⋯⋯⋯⋯⋯⋯⋯⋯⋯⋯30g
　葡萄乾⋯⋯⋯⋯⋯⋯⋯⋯⋯⋯30g
　肉桂粉⋯⋯⋯⋯⋯⋯⋯⋯⋯⋯少許

無鹽奶油（融化好的）⋯⋯⋯⋯⋯70g
麵包粉⋯⋯⋯⋯⋯⋯⋯⋯⋯⋯⋯適量
沒融化的糖粉⋯⋯⋯⋯⋯⋯⋯⋯適量
＊沒融化的糖粉為裝飾用的糖粉

事前準備　準備 120×35cm 左右的帆布材質布料，或是未經過漂白、
染色帆布，如果沒有可以將同樣質地的布料摺疊使用。

作法

1　低筋麵粉、鹽、溫水、沙拉油
放進碗內，混合成麵團。

2　放在平台上，往前推伸再朝自
己對摺回來。不停重覆這個動作的
話，表面會慢慢變得平滑。

Point

兩手抓住麵團往兩邊拉，
會變薄延伸不易斷的話
就揉好了。

3　整理成表面平滑的球狀放在碗
中，蓋上保鮮膜，在室溫下放置一
小時醒麵。

4　製作內餡。將蘋果的皮削去後
切成八等份，再切成 1cm 的薄片。
與砂糖和水放入平底鍋，用大火把
水分炒乾。

5　加入葡萄乾混合，關火後撒上
肉桂粉。在盤上鋪平放涼。

13

Point

不要勉強拉扯,一邊換位置一點一點將其拉長拉薄。

6 在布上撒上些許麵粉(份量外),把 **3** 的麵團用擀麵棍拉長延展,擀成長條帶子狀。寬度不用太寬沒關係。不要只朝一個方向擀,上下也稍微推開,讓每一處厚度都相同。

7 擀到幾乎不能再薄的厚度後(目測大小約 90×18cm),用手從麵皮下方輕輕左右拉開一些。

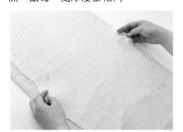

8 慢慢一點一點地把麵皮拉成長 30～35cm、長度約 1 公尺的長方形,平均拉開成為薄到幾乎透光的麵皮。有點破掉也沒關係。

9 薄薄塗一層融化的奶油。讓刷子平躺,盡量不要弄破麵皮,溫柔的塗上。塗到奶油剩下 ⅓ 左右。

10 從自己這邊的麵皮邊緣 10cm 的地方,鋪上 20cm 左右的麵包粉。在麵包粉上靠自己這邊的這一半,鋪上蘋果內餡,再將其壓緊。不要讓蘋果餡蓬蓬的,好好的把它壓緊實。

11 從自己這邊的布開始拉起,輕輕地讓麵皮蓋上蘋果餡。

12 然後再把布往上提,讓蘋果餡往前翻,一圈一圈的往前滾,讓麵皮包住蘋果餡。

13 用布將整個果餡捲拿起來,將其輕輕滾落在鋪了烘焙紙的烤盤上。

14 用剩下的溶化奶油塗在整體表面上,剩下的奶油留下,烤箱設定 210 度烤 20 分鐘左右。

15 從烤箱內取出,再塗上融化奶油。為了烤出漂亮的顏色,再烤 10 分鐘。取出來後再一次塗上融化的奶油。待其冷卻後,再用篩子灑上糖粉。

焦糖柑橘裝飾蛋糕

　　若是一到 12 月就烤好，再慢慢品味到聖誕節也是一種樂趣。這款聖誕花環形蛋糕便是抱著這種想法而製作的。

　　在麵團中混入焦糖，烘烤出濕潤的口感。為了搭配柑橘風味，將焦糖的焦香味烘烤出來是一個重點。烤好就已經很好吃了，依喜好在表面裝飾巧克力、果乾、堅果或香料等，裝飾得像花圈一樣的話，就成為一道味道濃郁外表也華麗的甜點了。

焦糖柑橘裝飾蛋糕

Austria

材料　直徑 15cm 的鋁製布丁模一個份

焦糖醬		內餡	
砂糖	40g	橘皮（切碎）	30g
水	15g	萊姆葡萄	30g
生奶油	45g	核桃（烤過的）	30g
蛋糕底		肉桂粉	適量
無鹽奶油	80g	干邑橙酒	約 15g
砂糖	90g	裝飾	
全蛋	100g	巧克力塗醬（牛奶）	約 50g
低筋麵粉	100g	橘子薄片、乾無花果、榛果、八角茴香等	
泡打粉	2g	喜歡的裝飾	各適量
		金箔、聖誕裝飾	各適量

事前準備
· 在模子內用無鹽奶油（份量外）塗過之後放冷，高筋麵粉（份量外，沒有的話可以用低筋麵粉）薄薄灑上一層後倒扣模子將多餘的麵粉抖落。
· 把內餡用的核桃用 180 度烤約 10 分鐘，切成粗粒。
· 將蛋放置到回溫。

作法

1　將焦糖用的砂糖和水放入小鍋內用中火煮，要煮到比布丁用的焦糖顏色更濃也更稠，直到出現焦茶色。將生奶油用微波爐加熱到 60 度左右。

Point

與其它材料混合後味道會變淡，煮到讓人覺得「會不會太焦」的程度比較好。

2　關火後將溫生奶油分兩次倒入。因為溫度很高，要小心蒸氣不要被燙傷。

3　等沸騰產生的泡泡平靜下來後攪拌混合，移至碗中待其冷卻。如果有溫度的話加入麵團溶化，所以要確實等它冷卻。

4　製作蛋糕底。將奶油打成乳霜狀，分 2～3 次加入砂糖，用電動打蛋器打到變成帶空氣的白色。

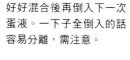

Point

好好混合後再倒入下一次蛋液。一下子全倒入的話容易分離，需注意。

5 將回到室溫的全蛋分四次邊攪拌邊加入蛋糕底，每次倒入都要好好換攪伴均勻。

6 加入混合篩好的低筋麵粉與泡打粉，用橡膠抹刀攪拌至看不出粉狀。

7 加入冷卻後的焦糖漿與內餡料，攪拌均勻。肉桂粉依喜好加即可，不加也可以。

8 攪拌至全體融合為一體就好。攪拌過頭的話會烤出沒有空隙的沉重蛋糕。

9 均勻倒入準備好的布丁模。用刮刀從邊緣切下，向中央輕輕做出凹洞。以 180 度烤 20 分鐘後將溫度調降至 170 度再烤 20 分鐘。

11 巧克力隔水加熱至溶化，用湯匙從上方淋在蛋糕底上。趁其尚未凝固時排上果乾、堅果、金箔、聖誕裝飾等。送入冷藏庫凝固。放在密閉容器中，在冷藏庫或陰涼處放置 3～4 天左右最好吃。

10 用竹籤刺入再拉出，沒沾上任何東西的話就是烤好了。參考 65 頁將蛋糕體自模子中取出，用刷子刷上干邑橙酒使其充份吸收。然後再用保鮮膜包來，待其冷卻。

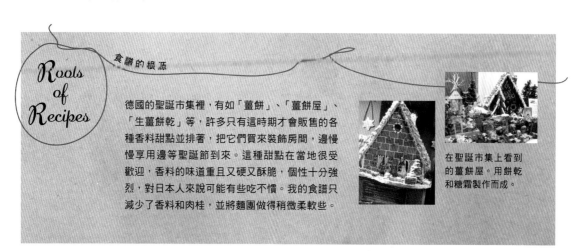

Roots of Recipes 食譜的根源

德國的聖誕市集裡，有如「薑餅」、「薑餅屋」、「生薑餅乾」等，許多只有這時期才會販售的各種香料甜點並排著，把它們買來裝飾房間，邊慢慢享用邊等聖誕節到來。這種甜點在當地很受歡迎，香料的味道重且又硬又酥脆，個性十分強烈，對日本人來說可能有些吃不慣。我的食譜只減少了香料和肉桂，並將麵團做得稍微柔軟些。

在聖誕市集上看到的薑餅屋。用餅乾和糖霜製作而成。

聖誕節的蛋糕店巡禮

法蘭克福篇

我去參觀了法蘭克福的聖誕市集。平常充斥著西裝筆挺的商務人士的金融街口，在這個時期也華麗了起來。

晚上去了聖誕市集，而白天則是咖啡廳與「Konditorei *」。德國的糕點就如同印象中的起司蛋糕、海棉蛋糕或巧克力果仁蛋糕等，雖然沒有華麗的外表，但都有著熟悉又有深度的味道，讓人很安心。這個時期才有的聖誕糕點，除了聖誕市集之外，各家蛋糕點也爭豔似的並排販售著。

＊一種提供各種不同糕點的蛋糕店 / 咖啡廳文化，該業務在許多歐洲國家都有，會因地區不同而有所差異。

買來
當禮物

買了淋了巧克力的年輪蛋糕、德式聖誕蛋糕、餅乾當土產。

比起創新，德國的蛋糕更加重視定型美。一般圓形的蛋糕稱為「Torte」，方形的切片蛋糕稱為「Shunitten」。慕絲或奶油餡的蛋糕體比較少，大部分都是海棉蛋糕體與鮮奶油的組合。不同蛋糕也會使用各種不同的海棉蛋糕來製作，特別是加入許多堅果來烘烤，是特徵之一。

白天有許多上班族，完全是都會的氣氛。

蛋糕店巡禮的戰利品！法蘭克福果仁蛋糕、蘋果蛋糕、林茲蛋糕等。每個都有可以仔細品嚐的深厚滋味。

以美茵河中心的街道，正式名稱為「Frankfurt am Main」。因為河的關係，冬天也不容易積雪。

市中心有許多別緻的蛋糕店。

名產蝴蝶餅和 12 月 6 日的聖尼可拉節時會推出的叫做「Weckmann」 的人型麵包。也被稱作「Stutenkerl」。兩種都是聖誕節時期的糕點。

每間店都把自豪的聖誕蛋糕排出來。這間店也排出了加入 Mohn（罌粟子）的切片蛋糕。因為在日本不容易買到，回過神來發現盡是買了加了罌粟子的。

「Schneeballen」意思就是「雪球」。是將帶狀的麵團炸成球狀，撒上雪白色的砂糖粉的甜點。也有用巧克力或堅果做裝飾的華麗雪球。意外地吃起來不油膩，有著帶股清香的風味。不是只有冬天，一整年都吃得到。

咖啡街的招牌蛋糕

維也納篇

奧地利的首都維也納,有著不輸中歐與東歐諸國的精緻街道。由於音樂和美術發達,享有「藝術之街」的美名,對甜點迷來說,是很棒的「咖啡街」。櫥窗中整齊排滿了店家自豪的招牌蛋糕「Haustorte」,男女老少,不分晝夜,在這裡享用著咖啡與蛋糕。這樣的咖啡文化要是也可以傳至日本的話,應該可以擁有更充實的日常生活吧,想到這兒不禁有點羨慕。

聖誕節前去的話,蛋糕店的櫥窗中有許多聖尼可拉(聖誕老人的原型的聖人)的巧克力。

「Gerstner Café」的櫥窗中,用巧克力做成的聖誕樹和小屋!

王室御用蛋糕店「Gerstner Café」。古典氣氛中帶著創新。咖啡廳位於美術館中,可以邊欣賞著畫作一邊慢慢的放鬆。

各店的 Haustorte,大多是巧克力蛋糕,有著濕潤濃厚的美味。

最喜歡的咖啡廳是「Café Central」,晚上有鋼琴演奏。

也有維也納不常見的蛋糕,以及馬卡龍塔展示。

享用了在咖啡中撒上橘皮、裝飾著有生奶油的「Maria Theresia」。不是只是冠上哈布斯堡王朝最有名的女皇的名字而已,有著高貴的香氣。杏仁糖與巧克力的蛋糕也是成人的口味。

在市內擁有好幾家店鋪的咖啡餐廳「Oberlaa」,在這裡享用了維也納的名產 Shunitten。是薄切的大塊炸豬排。

在「Oberlaa」買的烤蛋糕與巧克力。烤蛋糕乍看之下沒有特別的變化,杏仁的香氣與濕潤的口感十分優秀,好吃到讓人想要多買一些。

從 旅 行 中 產 生 的 食 譜

斯洛維尼亞
Slovenia & Croatia
克羅埃西亞

斯洛維尼亞
盧比安納
薩格勒布
克羅埃西亞

波提察蛋糕

無花果塔

對日本人來說可能只留下了「舊南斯拉夫」的印象，但是被豐饒的森林與海景環繞，大街上精緻的餐廳和咖啡廳雲集，時髦的雜貨小店並排，讓人預感之後會成為女生獨自旅行的熱點。

在離匈牙利較近的北部，捲滿堅果糊的發酵甜點非常受歡迎。隔著亞德里亞海與義大利對望的沿海地區，則常販售包入通心粉的點心。受到臨近國家的影響，發展出許多獨立個性的糕點，也常使用堅果或無花果、森林中的水果和果仁等來製作。

整體口味較為樸素，本書使用的甜味及奶油稍稍做了改變，完成了味道較豐富的食譜。為了表現出兩國的時尚感，在設計上也下了工夫。

2

Slovenia

使用發酵麵團，代表斯洛維尼亞，有著鬆軟與輕柔口感的蛋糕。麵團與內餡重疊一層層捲起，放入模具中烘烤，切面是可愛的螺旋狀。

以前接近聖誕節時，每一家都飄著波提察蛋糕的香味。每一家都有幾種食譜，也有各式各樣的內餡。這裡介紹我最喜歡的胡桃與巧克力的濕潤內餡。

材料　直徑 15cm 的陶製波提察蛋糕模一個份（容量 570ml）
或是直徑 14cm 的奶油圓蛋糕模一個份

發酵麵團

<A>

生酵母	11g
牛奶（人體溫的溫度）	10g
砂糖	½ 小匙
高筋麵粉	½ 小匙

<B>

牛奶	63g
無鹽奶油	30g
高筋麵粉	120g
低筋麵粉	30g
砂糖	24g
鹽	1.5g
蛋黃	1 個
檸檬皮碎屑	⅓ 個份
香草精	少許
萊姆酒	3g

內餡

胡桃粉	50g
烤杏仁粉	50g
砂糖	50g
牛奶	45g
全蛋	30g
香草精	少許
萊姆酒	5g
檸檬皮碎屑	⅓ 個份
肉桂粉	適量

裝飾

杏仁果、榛果、胡桃等喜歡的堅果	
（已經烤好的）	30g
可可含量 65 ～ 70% 的板巧克力	30g

事前準備　·在蛋糕模的內側塗上厚厚的無鹽奶油（份量外）。

·裝飾用的堅果先用 180 度烤 10 分鐘左右，切成粗粒。巧克力也切成粗粒。

作法

1 將酵母打開與 <A> 充分混合。
放在室溫下發酵至 2 倍大。

2 <B> 的牛奶和奶油用微波爐或
隔水加熱到 35 度左右。將高筋麵
粉、低筋麵粉、砂糖、鹽放入碗中
混合，再加入蛋黃、檸檬皮碎屑、
香草精、萊姆酒、**1** 的發酵麵團。
把溫牛奶、奶油也加入一起混合。

3 將全體仔細混合，在碗中整理
成一個麵團之後放到平台上。

4 揉 2 分鐘左右到無法在手中緊
握住的程度即可。途中會產生黏度，
用卡片或刮刀將黏在手上或平台上
的麵團取下，繼續揉。

5 整理成一個球形後，放入碗裡
蓋上保鮮膜，在室溫中放置 30 分鐘
左右。這裡不是要它發酵，讓它醒
麵即可。

6 將內餡的材料依序混合。

7 將醒好的麵團，邊撒上一些
麵粉（份量外）邊用擀麵棍擀成
25×40CM 的長方形。一開始不太
好擀平，先用手上下左右稍微拉開
即可。

Point

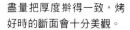

盡量把厚度擀得一致，烤
好時的斷面會十分美觀。

8 把內餡分 8～9 塊地方鋪上後，
再慢慢填滿空隙。對面的邊則留下
2cm 的空間，其它則平均的鋪平。
捲的時候如果內餡被推出去的話最
後會很難收尾。

9 將裝飾用的堅果顆粒及巧克力
碎粒平均撒上。

10 用手指將全體輕輕壓過一遍
固定，讓裝飾用的碎粒在捲蛋糕時
不要掉下來。

23

11 從自己這方開始往前捲起來。從一開始捲的時候就要注意盡量不要留空隙的捲。

12 不要留下空洞慢慢貼合的往前捲，也要小心不要壓太緊造成內餡往旁邊擠出，一邊調整出力輕重一邊捲。

Point

把麵團擀到厚度均勻、內餡平均地鋪平、用一致的力道捲起來的話，就能做出美麗的斷面。

13 捲完全部。前後輕輕轉一下，讓粗度相同。

14 把麵皮的邊緣壓合收尾。

15 將最後合起來的部分朝上，兩邊接起來成輪狀，將接合處仔細捏緊。

16 保持著合起來的部分朝上的狀態放進蛋糕模。往下壓緊至麵團與模子之間完全密合。

17 為了讓它均勻受熱，用竹籤戳一些直達底部的空氣孔。

18 放在 30 度左右的地方，待其發酵至 2 倍大（約需 40 ～ 60 分鐘）。為了不讓表面乾燥，蓋上保鮮膜再讓它發酵。

19 用 180 度的烤箱烤 35 ～ 40 分鐘左右。烤出香味及顏色即可。

20 參考 65 頁，將蛋糕模倒扣取出蛋糕。稍微放涼後為了避免乾掉，放在密閉容器或塑膠袋中放置一晚即可。隨著時間經過會有些變硬，要吃時再稍微烤軟即可。

Lesson

這次造訪的是位於斯洛維尼亞的首都盧比安納的波提察專門店。老闆亞孃小姐一邊經營著店鋪，也在市郊的工房開波提察的課程。原職為記者的她，為了想將斯洛維尼亞的傳統傳遞給年輕人或外國人，開始專職做波提察蛋糕，最後終於如願開店。

身為兩個孩子的母親，亞孃小姐既開朗又迷人，課堂上笑聲不絕於耳。外國的旅行者也可以報名課程。

「今天做的是最基本的形式唷。」這天的課程是胡桃粉的內餡。

「這個作業台是特別訂作的，是老公設計給我的廚房。」看起來很開心，是個笑容超棒的老師。

將內餡疊上麵皮再捲起來。「麵皮與內餡的厚度要均等。柔軟的內餡雖然很難捲，但濕潤的內餡比較好吃。」亞孃小姐的說明十分仔細易懂。

我也來挑戰捲蛋糕捲！

課程使用的模子是18cm的。烤了個份量滿點的蛋糕。亞孃小姐的食譜是不會過甜的高尚口味。「放一晚的話會變得更好吃，當明天的早餐吧！」讓我打包回家了。

自始至終氣氛都非常輕鬆。一項項說明都能感受到對波提察的愛。

「我想把迷你波提察商品化。有六種口味，請一定要試吃看看」試吃的除了有堅果類內餡的甜口味之外，也有香料口味的鹹味波提察。

傳統波提察的模子使用的是陶器。也有使用金屬、矽膠製的迷你波提察蛋糕，但據說陶器烤出來的最好吃。我雖然最常使用在亞孃小姐的店裡買的烤模，但也在雜貨店買到了展示用的模具。是可以拿來裝飾室內的美麗模具。

隔天早上馬上切來看看，被漂亮的螺旋形斷面給感動了！

Le Potica　http://www.le-potica.si/
＊課程需要事先預約。英語也可以通。

斯洛維尼亞的首都盧比安納，有種雅緻的沉靜氣氛。歐風的建築在街道上並排，治安也非常好，是可以安心觀光的地方。穿過市中心的河流，沿岸並列著蛋糕店與咖啡店，從白天到晚上都非常熱鬧。料理與糕點有著義大利與匈牙利等的色彩，料理以義大利麵和肉料理為主。也有幾間印度餐廳或壽司店等民族料理。

糕點則因為接近東歐圈，可以看到果餡捲、林茲蛋糕等。據說最近色彩鮮艷，拍起照來可愛的設計感蛋糕增加了，女性觀光客也越來越多了。

從「盧比安納城」俯瞰市區街道。舊城區的屋頂統一都是土黃色。

沿著河岸的建築，一樓都是咖啡廳或餐廳，到了晚上都很熱鬧，每家店幾乎都客滿。

邂逅了很好吃的活動！
充滿咖啡廳與餐廳的街道

原本就很有名的觀光勝地，是離盧比安納不到一小時車程的「布萊德湖」。湖畔聳立著城堡，湖中的傲然浮著小島有教會的印象。就算是9月下旬，山上也積著薄雪。

「布萊德湖」的名產「Cremeschnitte」。在兩片薄派皮中間夾著雙層卡士達醬與生奶油的三明治式蛋糕。雖然有點像拿破崙蛋糕，但主角完全是奶油。在卡士達奶油中加了蛋白霜，有著蓬鬆輕盈的口感。

在匈牙利附近的Prekmurska地方的傳統糕點「Gibanica」。派皮、乾酪奶油、煮蘋果醬、罌粟子麵團等很多層重疊在一起。雖然是有點意外的組合，但不會過甜，很好吃。

盧比安納的街道上，陳列著許多手工製作的可愛雜貨，比名牌專櫃還要更有魅力。

在盧比安納找到了加草莓的Cremeschnitte。雖然很少見，但對喜愛草莓的日本人來說這個應該會更加受歡迎。

販售蔬菜水果的市場。旁邊竟然有牛奶的自動販賣機！每天會送來剛擠好的牛奶，24 小時都可以購入。可以帶著自己的容器去裝，只買需要的量。

有裝潢是女孩子喜歡的可愛風咖啡廳，繽紛的各色蛋糕並排陳列。市中心不是只有古典傳統的蛋糕，還有許多各式各樣的裝飾蛋糕。

斯洛維尼亞的料理，以東歐常見的「Das Schnitzel（炸肉排）」等肉料理為主。受到鄰國義大利的影響，常吃義大利麵或義大利餃。有許多精緻的餐廳，也很合日本人的口味。

也有很多巧克力專賣店，種類壓倒性的豐富！價錢也不會太貴，平常就可以品嚐享用。

廣場正在舉辦美食節。最近開始意識到自然有機的店家越來越多，城市中的店鋪也會來擺攤。在起司鍋中放入義大利餃，沾滿醬汁後再拿出。後面是一大鍋九孔。

星期日在河岸有跳蚤市場，年輕人在街頭演奏，週末一口氣變得更加熱鬧。與迷彩外套一起展示的是巨大的波提察蛋糕模。

美食節上有巨大的波提察蛋糕。尺寸很巨大，十分濕潤柔軟，滋味豐富。意外的是，波提察蛋糕在蛋糕店或麵包店都沒有賣，大概一般都是在自家手作的關係吧。

也有販售直徑 30cm 以上的蛋白派。果餡捲通常都烤成長的棒狀形，這間店則烤成螺旋模樣的圓形。內餡有櫻桃等數種。

Croatia

受地中海沿岸的太陽恩賜而培育出來的克羅埃西亞無花果，顆粒不大但濃縮了甜味，富有濃厚的味道。這裡要介紹的是，將這樣的無花果與酸酸甜甜的黑醋粟醬一起煮，再跟有肉桂風味的麵皮一起烘烤而成的塔。克羅埃西亞的內陸森林富饒，充滿大地的恩惠，因此在塔上用葉子形狀的麵皮做裝飾，試著在味覺與視覺上都呈現出克羅埃西亞茂密的森林印象。

日本的無花果口味較淡且水分較多，與麵皮一起烘烤時容易出水，請使用風味與甜味都已經濃縮的乾無花果。

材料 　徑 18cm 的塔模（底部可以分開的形式）一個份

林茲甜塔皮

糖粉	50g
低筋麵粉	130g
杏仁粉	40g
可可粉	4g
檸檬皮碎屑	⅓ 個份
肉桂粉	適量
無鹽奶油	70g
蛋黃	1 個
蛋白	約 10g（與蛋黃加起來 30g）
香草精	少量

無花果餡

無花果乾（軟的）	150g
砂糖	40g
冷凍黑醋粟	40g
水	50 ～ 60ml

裝飾

不溶化的糖粉	適量

＊冷凍黑醋粟可以用紅酒 40ml 加上檸檬汁 10ml 來代替。

＊不溶化的糖粉是裝飾用的糖粉。

事前準備 　把模子的底板用鋁箔包起來再放回底部。側面的內側則塗一層放軟的無鹽奶油（份量外）。

作法

1 　參考 65 頁的作法製作林茲甜塔皮，但在這個步驟就把杏仁粉、可可粉、檸檬皮、肉桂粉等一同混合，再加入蛋黃、蛋白、香草精，放在冰箱冷藏。

2 　在烘焙紙上放 ⅓ 林茲甜塔皮，邊撒一些麵粉（份量外）邊用擀麵棍把麵團擀成 3mm 厚的麵皮，並放入冷凍庫讓麵皮緊實。

3 　將麵皮自烘焙紙上剝下，再用喜歡的餅乾模（我是用葉子形狀和松鼠形）壓下，放在另一張烘焙紙上。

4 在葉子形狀的麵皮上用刀劃出葉脈，再放入冷陳庫

5 把剩下的林茲甜塔皮鋪在塔模上。邊撒一些麵粉（份量外）邊用擀麵棍把麵團擀成比塔模大的圓形、厚度均等的麵皮。

6 用擀麵棍把麵皮捲起，從模子的正上方，沿著模子的邊緣鋪上。用手指將麵皮輕壓至完全貼合烤模內側。

7 把突出邊緣的麵皮壓至與邊緣齊平，盡量讓側面的厚度均勻，稍微調整，放至冰箱冷藏。

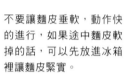

Point

不要讓麵皮垂軟，動作快的進行，如果途中麵皮軟掉的話，可以先放進冰箱裡讓麵皮緊實。

8 製作無花果內餡。把無花果乾的前端部分的硬蒂去除，大致切碎，也可以使用食物處理器。

9 放進大鍋內，加入砂糖、黑醋粟醬、水，用中火煮。用耐熱刮刀邊煮邊攪拌，注意不要煮焦。水分減少後很容易焦掉，要小心的攪拌。

10 完成。水分充分蒸發，變得像紅豆餡般的固狀就可以關火，待其冷卻。

Point

如果沒有煮乾的話，烘烤時會出水而烤不熟，所以一定要煮得夠乾。

11 盛入 **7** 的塔皮麵團上中，用刮刀整平。

12 將 **4** 的葉子形狀麵皮隨意沿著邊緣鋪一圈。盡量不要超出模子邊緣太多。中間則放上松鼠形狀的麵皮。

13 以 180 度烤 10 分鐘後，降溫至 170 度再烤 25 ～ 30 分鐘。全體烤出漂亮的顏色就烤好了。待其降溫後自模子中拿出，完全冷卻後再用篩子撒上糖粉即可。

用麵皮來完成樹葉塔的製作

1 不在林茲甜塔皮裡加入可可粉，用同樣的方法製作。將⅓的量擀薄後先冷藏一次，用楓葉或桐葉的模子壓出形狀取下。

2 用刀子劃出葉脈，再度放進冷凍庫冷卻。

3 和摻了可可粉的麵皮一樣，將剩下的麵皮鋪在模具中，再填入內餡。然後用枒葉形狀的麵皮沿著邊緣排一圈，將楓葉形狀的麵皮放在正中央後，用相同的方式烘烤。

Roots of Recipes　食譜的根源

　　一到市場就可以感受到克羅埃西亞是如何受到大自然的恩惠。蔬菜和水果的種類豐富，蜂蜜與葡萄酒也由農家直售。特別吸引目光的是成山的無花果。有綠色的也有黑色小顆的，當然也很新鮮，無花果乾與手作無花果醬也排得滿滿的。以半乾烘焙法製成的食物，像首飾一般與月桂葉一同用繩子串起來販賣。看到這個景象，讓我興起了「烤甜點的時候加入濃縮了甜味的果乾，一定很美味吧」的念頭。

　　塔中使用的內餡，重點放在半乾的無花果乾與手作果醬。

無花果乾與月桂葉交叉串起來販賣，是為了香味或是趨蟲吧。

水果店排列著手工果醬。「來試吃看看喲」的啲喝聲此起彼落。

被稱作「Fig Cake（無花果蛋糕）」的糕點。切成粗粒的無花果乾與橘子醬等一同混合壓實，很適合與葡萄酒搭配。

克羅埃西亞篇

陶醉在有名的卡士達蛋糕裡！

這是我第二次造訪克羅埃西亞。第一次是 2007 年的時候，這個國家的知名度還不算高，還會擔心「內戰的影響沒問題嗎？」的程度，10 年後再訪時已經可以看到日本人的學生社團，這個國家漸漸地廣為人知了。第二次我租車延著地中海沿岸北上直到克羅埃西亞。這個區域有著類似義大利的開放氛圍。從鄰國來的觀光客讓街道十分熱鬧，高品質的松露與葡萄酒、起司等十分有名，有許多精緻的餐廳與咖啡廳，是不遜於義大利與法國的美食之國。

有趣的是，雖然料理偏義大利風，但點心類則保持著東歐圈的風格，我在這裡享用了在斯洛維尼亞也有看到的「Cremeschnitte（克雷姆塔）*」等點心。

＊流行於中歐國家的奶油蛋糕點心，因地區有所差異，但一定含有酥皮和奶黃奶油。

面向地中海的小港都特羅吉爾（Trogir）。度假感滿載但觀光客又不會太多，可以悠閒地度過。

第二次來克羅埃西亞時來到了第二大城史普利特（Split）。眼前就是地中海，腳下則是羅馬時代留下的遺跡。

小市場中排列著當季的水果及蔬菜。橄欖、新鮮莓果及無花果等味道都濃郁新鮮而且又便宜，讓我十分羨慕。因為飯店有附廚房，所以我買了材料做了湯和沙拉。

魚市場裡的女性正在賣許多自己醃漬的鯷魚。因為材料很新鮮，味道很好，我買了一瓶。只要加上番茄與生菜，立馬就完成了很像樣的開胃菜。

沿海的史普利特（Split），有名的料理當然是海鮮。

在克羅埃西亞各地都會遇見 Cremeschnitte。我個人覺得最好吃的是特羅吉爾的蛋糕店。比起用派夾著奶油的糕點，吃起來更有生奶油的纖細口感的麵皮，很讓人感動。離鏡頭較近的是加了莓果醬汁的起司慕斯。

最東南是世界遺產城市杜布羅夫尼克。這個城市有著達爾馬提亞地方名產，卡士達布丁「Rozata」。

國外很少見到日本的布丁，但意外的在許多店都吃到了。焦糖醬與卡士達醬是基本，依各店的習慣，有的是加了檸檬皮香味的清爽風，有的則是加了生奶油。傳統的食譜則是要加玫瑰香精增添香味。

位於內陸的首都札格瑞布，這裡的名店「VINCEK」的 Cremeschnitte，表面是用巧克力來完成。有很多使用巧克力或甜瓜、堅果，有著濃厚的東歐風的糕點。

Livade 村體驗摘松露

北部的伊斯特拉半島是有名的松露產地。名為「Motovun」的小鎮以摘松露而聞名，但我去的是附近只有 400 人的小村‧Livade。目的是採摘松露。

由松露摘尋者尼可拉嚮導，到了離村子五分鐘車程的森林裡。雖然下著小雨還是出發了！兩隻松露犬馬上嗅到了什麼。在克羅埃西亞，不是用豬而是用狗比較多。

尼可拉先生用鏟子一挖……從泥中出現的白松露！雖然現在的主流是黑松露，這次找到只有初秋才有的白松露。就算是這麼小的，挖出來時馬上就有強烈的香氣。

發現松露的時候，為了不讓狗吃掉，尼可拉先生會快速的斥退狗，但用別的零食來鼓勵它。松露犬必須從小開始訓練。松露犬尼洛，與還是見習犬的皮帕都辛苦了。兩隻都很乖巧地跟我們一起搭車回來。

尼可拉先生介紹的蜂蜜商店。我試喝了蜂蜜伏特加，也聽了古時候的製作方法說明。除了百花蜜與蜜甜的蜂蜜之外，也販售可以預防感冒又營養滿點的東西或花粉等。顆粒狀的花粉也可以入菜做成優格等食物。

松露餐廳旁也有販售各種松露製品的店。白松路 100g 大約 18000 日幣（產地價！）黑松露則大約是三倍的價格。松露與蛋很配，加在卡士達布丁裡可以提高香氣也很好吃……一口氣變成高級布丁了呢。

當地流行的是松露義大利麵。這裡的價錢非常的親民。滿滿的放了很多松露，多到香味幾乎會影響隔壁桌的程度。

義大利

Italy

濃縮咖啡 Espresso 蛋糕

佛羅倫斯

義大利

西西里島

法式巧克力佛羅倫提焦糖餅

開心果櫻桃蛋糕

　　歐洲的飲食文化隨著羅馬帝國的發展流傳到各地，因此，舒芙蕾或餅乾的原型「Biscotti（義式脆餅）」、顏色繽紛的馬卡龍及被視為其原型的「Amaretti（義大利杏仁餅）」等，世界上許多廣受喜愛的甜點，都是由義大利的鄉土甜點發展而來。

　　在最南端的西西里島，至今仍售有殘留著可可豆粗糙口感的板巧克力與炸麵包等，自古流傳下來的樸素點心。現在還是可以看到世界各地精緻糕點的原型，這正是義大利的有趣之處。

　　這裡我會大量使用 Espresso、特產的開心果和杏仁等，全面帶出義大利風格，又保留日本人喜歡的口感，並試著寫出了我流的精緻食譜。

濃縮咖啡 Espresso 蛋糕

　　檸檬派那厚實的圓形，與鬆軟濕潤的麵團
上所能品嚐到的絕佳美味最為適配。不過，
雖說是檸檬派的形狀，我覺得光做檸檬味的
甜點實在太可惜了，便試著以義大利咖啡為
概念，做了濃縮咖啡 Espresso 風的蛋糕。
　　麵團裡使用磨細的 Espresso 用咖啡豆，
可以品嚐到即溶咖啡所沒有的香味與深度，
蛋糕上則裝飾了咖啡豆和萊姆糖霜，增添了
鬆脆的口感。

Italy

材料　　檸檬蛋糕模 13 個份

蛋糕麵團

全蛋	2 個（120g）
黑糖（粉狀）	16g
白砂糖	64g
低筋麵粉	120g
發酵粉	2g
Espresso 用細咖啡粉	10g
蜂蜜	20g
無鹽奶油	80g

萊姆酒	20g

糖衣

糖粉	2g
萊姆酒	10g
即溶咖啡粉	80g
水	少量
可可豆	適量

＊沒有黑糖加白砂糖也可以。

事前準備　・在模子內側塗一層無鹽奶油（份量外）後放入冰箱中冷藏使其冷卻凝固，再用高筋麵粉（份量外，如果沒有的話可以使用低筋麵粉）在內側全撒一層，再將模子倒過來，抖掉多餘的麵粉。

　　　　　・將蜂蜜與奶油一起放進微波爐中加熱到 40 度左右使其融化。

作法

1　全蛋加上黑糖與白砂糖隔水加熱。一邊用打蛋器攪拌，直到加熱至 45 度左右。加熱後糖類會溶化而且也較容易打發。

2　用手持攪拌器高速打發。

3　打到份量變多，將攪拌器拿起來時，攪拌器上的蛋白泡會停留一下再慢慢掉下來的程度。

4　把低筋麵粉、酵母粉和即溶咖啡粉混合後過篩倒入，用橡膠抹刀自底部往上翻攪混合。

Point

等到看不到粉的顆粒後，再繼續上下翻攪 10 次左右即可。充分攪拌的話，可以烤得細緻又扎實。

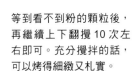

5　挖一部分的 **4** 加進融化奶油與蜂蜜中，用打蛋器仔細攪拌。奶油會使麵皮乳化，會比較容易混合。

加入奶油後的麵糊很容易
消泡，攪拌的時間不能太
久，絕對不要拌過頭。

6 就算充分攪拌還是有點分離的
話，加上少許麵粉，待其好好乳化。

7 把 6 倒回 4 的大碗中，用橡膠
刮刀從底向上翻攪，讓全體均勻混
合。

8 平均倒入準備好的檸檬模型
中，用 180 度烤約 15 分鐘。

9 烤好後參考 65 頁的方法脫模。
趁熱用刷子輕輕刷一層萊姆酒。

10 製作糖衣。把糖粉加進萊姆
酒中融化，再倒入即溶咖啡混合。
加少許水來調整至用橡膠刮刀挖起
來後會慢慢的流下來的硬度即可。

12 灑一點可可豆，用 180 度烤
一分鐘左右，等表層烤乾。剛做好
的很好吃，放上兩天也還是很美味。

11 用刷子塗在蛋糕的表面。用
刷子傾斜一口氣刷上去。有些地方
塗得比較厚的話會有不勻的感覺。

卡瑞達咖啡

Roots of Recipes

食譜 的 根源

走在義大利的街道上，總能聞到哪間酒吧或咖啡廳飄來
的 Espresso 香味。天一亮，隨處可見通勤的上班族在立
飲酒吧裡，和店員輕聲道早，邊將 Espresso 一飲而盡後
即刻前往公司的景象。順帶一提，在 Espresso 中加入牛奶
的卡布其諾，在當地也是早餐的飲品。

我因為想嘗試各種的 Espresso，有天早上點了杯添加利口酒的
Espresso「卡瑞達咖啡＊」，被店員驚訝地提醒：「這個有加酒哦！？」
看來就算同樣是 Espresso，加入酒精的話就完全不是白天的飲料了。

＊一種將義大利 Espresso 和類白蘭地的高酒精度度義大利蒸餾酒混合調製的飲料。可加自己喜歡的烈酒。

心形拉花卡布奇諾

開心果櫻桃蛋糕

Italy

使用了滿滿的開心果與杏仁，豐富的半熟蛋糕。

加入開心果糊的濕潤麵皮，有 V 字形的切片，入口即化的生奶油與酸甜的櫻桃夾心蛋糕。

包裹著糖衣的杏仁碎粒「Craquelin」滿滿的包覆在外面，是充滿香氣的蛋糕。

切片的斷面很美，非常適合當作禮物。

材料 18×7cm 的桃子一個份

開心果麵糊		奶油	
杏仁粉	60g	義大利蛋白霜	從蛋白酥皮中取 30g
開心果糊	40g	無鹽奶油（於室溫中放軟）	60g
糖粉	50g	杏仁脆粒	
蛋黃	2 個	砂糖	15g
牛奶	50g	水	10g
低筋麵粉	40g	杏仁碎粒	25g
酵母粉	2g	賓治酒	
無鹽奶油（已融化）	30g	櫻桃酒	20g
義大利蛋白酥皮		水	10g
蛋白	30g	櫻桃乾	30g
砂糖	50g	櫻桃酒	10g
水	25g	糖粉（不會溶化的）	適量

＊冷賓治酒的材料事先混合好。
＊不會溶化的糖粉是指裝飾用的糖粉

事前準備 　將櫻桃乾切成粗粒，灑上櫻桃酒使其吸收。

作法

1　製作開心果麵糊。把杏仁粉、開心果糊、糖粉、蛋黃、牛奶用手持攪拌器打到呈有點白色狀。

2　篩入低筋麵粉與酵母粉，用橡膠刮刀攪拌至沒有粉的感覺。

3　加入已融化的奶油，攪拌均勻。

4 在蛋糕模中鋪上烘焙紙，倒入麵糊。

5 用橡膠刮刀從中間往四周刮平，以 170 度烤 35 分鐘左右。

6 烤好後，將其倒扣在烘焙紙上取出，可以先用刀子將兩側的蛋糕與模子分開，取出後將其上的烘焙紙撕下。

7 製作奶油用的義大利蛋白霜。將蛋白用手持攪拌器打發。把砂糖與水用小鍋子煮沸至 117 度左右，趁熱一點一點的加入蛋白霜中，一邊用手持攪拌器打發。

8 再打發至出現光澤，將手持攪拌器拿起時會形成尖角形狀的硬度，蛋白霜就完成了。

9 冷卻之後，挖 30g 放在碗中，將已經變軟的奶油分兩次加入，每次加入就用手持攪拌器打到發白。

10 製作杏仁脆粒。將砂糖與水在放在鍋中煮至黏稠（約 118 度）。

11 關火並倒入杏仁碎粒，在糖水結晶化成白色顆粒之前混合。

12 用中火翻炒至焦香。炒至整體有薄薄的茶色就完成了。

13 倒在烘焙紙上並鋪開，讓其充分冷卻。

14 把 6 的開心果蛋糕體小心的切出 V 字型。將下半部放回鋪了烘焙紙的蛋糕模中。

Point

V 字形切得太淺的話無法做夾心，但切太深的話會切斷，要小心。V 的尖端要超過中心點。

15 在切面上用刷子滿滿塗上賓治酒。

16 在切面平均塗抹上一層厚厚的鮮奶油 50g。

17 將事前準備的櫻桃乾散放並輕壓在鮮奶油上。

18 將上半側的蛋糕底的切面上也塗上賓治酒，再蓋回原本位置。稍微壓一下讓它們密合。

19 將模子倒扣在烘焙紙上取出蛋糕。將剩下的所有鮮奶油均等地塗在全體表面上。

20 將冷卻好的杏仁脆粒撒在表面上，輕輕壓進鮮奶油裡。用篩子過篩糖粉撒一層在表面上，放進冰箱冷藏一小時以上。用溫熱的刀子切成喜歡的厚度。放置一天的話鮮奶油與蛋糕體會更加融為一體，更加好吃。

Roots of Recipes

食譜的根源

以生產高品質開心果聞名的西西里島，可以遇見許多開心果製品。除了混合了許多開心果碎粒的蛋糕和餅乾、加入開心果糊的杏仁膏及義式冰淇淋等甜點外，奶油利口酒及義大利麵醬汁也有。東部埃特納火山周圍的 Bronte 所產的開心果品質最好，揚名全世界。

開心果在日本價格高，不太容易使用，但跟櫻桃或莓果類的搭配絕讚超群，是很奢侈的美味。在特別的日子或拿來當作禮物等，有機會一定要試試看。

裝滿瓶子的開心果糊。用來製作糕點或義大利麵醬汁。

開心果糊與砂組合的杏仁點心。有烤的也有撒了砂糖的。

生菓子也會和加了開心果的食材或添加開心果的杏仁膏一起製作。

守護著傳統的味道與製法的島嶼

西西里島篇

一開始對義大利尖端的大島西西里島產生興趣，是因為它是我平常一直在使用的開心果和扁桃仁的產地，而且也想吃吃看香炸奶酪卷等充滿個性的鄉土點心。實際上體驗過後，從未吃過的強烈的甜味造成了衝擊⋯⋯緩緩流逝的時間、帶有開放感的氣氛、位於阿拉伯與歐洲的交差點的歷史背景與文化，以其為素材而生的西西里島料理使我著迷，等到發現時已經去了三次。

「這個巧克力從古時候就是這種乾巴巴的口感嗎？」我這樣想著，在這之後了解了它遵循古法的原因，並遇見了以扁桃釀造的葡萄酒和開心果造的牛奶利口酒，每次去都有新的發現，不禁覺得「還想要了解更多西西里島」。

陶爾米納是有著小山丘的城市，有圓形劇場等古蹟，也常出現在電影裡，世界各地都有觀光客前來。

西西里島的名產香炸奶酪卷（上）與卡薩塔蛋糕（左）。香炸奶酪卷是酥炸的圓麵團包裹著起司奶霜或巧克力的甜點。卡薩塔蛋糕則是用海棉蛋糕夾著瑞可塔起司，以杏仁膏或糖霜、糖煮水果等裝飾的糕點。總之就是很甜，口感也有點單調，直接吃完一個有點難。

多肉植物「Opuntioideae（圓扇仙人掌亞科）」在那邊隨處都生長著。處理掉刺後被當成水果販賣著。

薩塔蛋糕也有圓形的。雖然裝飾得很華麗又美，但一家人就真的能吃完嗎？我不禁這樣擔心。

杏仁膏造型的種類很豐富。原本都做成水果的形狀，最近開始做成魚或蝦的狀。無論哪種都非常甜。

將扁桃仁碾碎開始製作杏仁膏，全都在店內手工製作，杏仁膏充滿了新鮮的杏仁香氣。

在店內深處進行著色。做了這麼多這麼大的蛋糕，西西里島人果然很喜歡甜食吧。

義式冰淇淋無論在哪吃都超好吃！放滿開心果與野莓（森林野莓）的蛋糕（照片較左方）也是甜食控的最愛。

販售加了扁桃仁和開心果的牛軋糖及賣餅乾的糕餅店也很常見。能這麼大量地使用堅果，不愧是原產地呀。

再小的街道也有量販樸實的杏仁餅乾的點心店，據說是當地人的最愛。

西西里島南部的小街莫迪卡，名產是遵循古法的巧克力。在老店找到了沒有太精製、保留著可可豆的粗糙口感的板巧克力，有非常多的種類。就像是在日本也流行的「Bean to Bar*」的先驅店。

＊一種從選可可豆（Bean）到製作巧克力塊（Bar）所有步驟都在同一間店進行的新型態巧克力製作工坊。

在料理教室中做香炸奶酪卷

在餐廳裡上課。主廚安傑羅先生帶我們參觀市場。不愧是海邊的街道，新鮮的魚種類十分豐富。

從俄亥俄州來參加的夫妻檔，合作無間的共同作業，進行課程。

因為我已經習慣使用擠花袋了……所以我也積極地挑戰。

製作前菜「酥炸夏南瓜花」。這是我第一次吃花，將調味瑞可達起司注入花中，裹上麵衣油炸。一般南瓜的花也可以這樣吃。

酥炸小菜完成了。較遠的是番茄、茄子、夏季南瓜等炸煮而成的「Caponata（義大利燉茄子）」

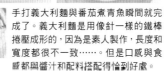

手打義大利麵與番茄煮青魚瞬間就完成了。義大利麵是用像針一樣的鐵棒捲壓成形的，因為是素人製作，長度和寬度都很不一致……。但是口感與食感都與醬汁和配料搭配得恰到好處。

在瑞可達起司中加入砂糖、橘子切片或巧克力碎粒等喜歡的材料混合後捲起麵皮，用開心果裝飾。這是餐廳才有的零負擔又新鮮的香炸奶酪卷。

甜點是香炸奶酪卷。原本是從粉開始做麵皮，今天是在超市買已經炸好的麵皮來製作。

法式巧克力佛羅倫提焦糖餅

佛羅倫提原意為「Florentina（佛羅倫薩風）」，謠傳源自義大利。在日本通常認為是把牛軋糖塗在薄餅乾上的甜點，但在歐洲到處看得到的，不是塗在餅乾上，而是跟巧克力疊在一起定型的牛軋糖。

這裡介紹作法更加簡單，也更能吃到堅果的美味，在薄切的牛軋糖內側塗上巧克力的食譜。更加強調牛軋糖的香味，是與一般的佛羅倫斯焦糖餅不同的美味。

Italy

材料　邊緣直徑 6cm、底部直徑約 5cm 的矽膠製巧克力模 15 個份

牛軋糖底

砂糖	23g
無鹽奶油	23g
蜂蜜	15g
生奶油	15g
杏仁切片	45g

成品用

巧克力醬（苦味）	20g
可可粉	20g

＊做可可底的時候，可以跟杏仁薄片一同加入可可亞 5 克、可可粉 10g。

作法

1　將砂糖、奶油、蜂蜜、生奶油放入小鍋中用中火加熱。用耐熱的橡膠刮刀或木刮刀邊攪拌邊加熱。

2　主體都變得濃稠呈茶色好就關火。煮太過頭的話牛軋糖底會不容易分開。

3　馬上加入杏仁薄片並充份混合。

4　趁牛軋糖還熱的時候分成 15 等份放進模子中。用叉子等壓進底部。

5　用 180 度烤 10 ～ 11 分鐘，全體烤出深茶色即完成。

6　待其冷卻凝固後從下面往上壓，取出牛軋糖底。剛烤好時還很軟，要等其充分冷卻再取出。

Point

開始烤後就會溶化，就算沒有壓得很平整也沒有關係。冷掉的話可以再回到火上稍微煮一下，就比較容易分裝進模子裡。

7　將巧克力與可可粉隔水加熱融化後，塗在內面上，放入冰箱中冷卻凝固。之後可以放入沒有濕氣的密閉容器內保存，盡早食用。

如花都般華麗的甜點們

佛羅倫薩篇

　　精緻的市容、文藝復興式的建築與藝術，以及華麗的 Pasticceria（蛋糕店）與時髦的咖啡店。當地的紳士們一早就在咖廳中將 Espresso 一飲而盡，早早出發去上班的樣子，與悠閒開放的西西里島成了對比。

　　就像是不同的國家一樣，我雖曾聽聞南北在文化、飲食和人的氣質上有差異，卻沒料到竟然不同到這個地步！實際親眼看過之後，再一次體會到「花都」之名的由來。話雖如此，提拉米蘇與香炸奶酪卷等其它地方的甜點這裡也有。冰淇淋的材料產地也都是毫不遜色的美味。

佛羅倫薩的地標大聖堂。要登頂需要一天前預約，有著滿滿的觀光客。

最初吸引我目光的是砂糖點心店華麗的櫥窗。文藝復興時期的貴婦人是不是也品嘗著這樣的夾心巧克力呢？總覺得我的想像膨脹了。

堆積如山的義式脆餅和牛軋糖。稍微有點硬的義式脆餅浸泡一下卡布奇諾或甜紅酒再吃的話會很好吃。

巧克力店裡，比起精緻的夾心巧克力，有堅果滿載的甜點或果乾巧克力等，也有添加食用酸漿的巧克力醬的甜點。

利口酒心糖。有著類似茴香的特殊香味。咬下去口感酥脆，中間的利口酒會爆發出來。

不愧是佛羅倫薩，有許多排滿充滿個性的 T 恤以及文具用品的禮品店。

咖啡附的甜點是提拉米蘇或西西里名產香炸奶酪卷等，義大利的代表性甜點陳列著。

色彩繽紛的法式軟糖（將水果泥煮至硬果凍狀）。除了有各種形狀外，還用各種果醬做裝飾。雖然在歐洲各地都看得到，但做得如此精緻的是第一次看到。

蓬鬆的炸點心・義大利油炸甜甜圈

參觀烏菲滋美術館之後，在附近的蛋糕店，遇見了看起來渾圓又好吃的義大利油炸甜甜圈。這種發源於義大利的甜甜圈，似乎在佛羅倫薩經常會吃，甜甜圈中間沒有洞，中間填入了奶油。我買了一個中間有卡士達醬的，在去美術館旁的小路上大口地吃掉了。微微檸檬風味的麵團很蓬鬆，參觀美術館的疲勞瞬間就消失了。為了不忘卻當時的感動，回國後自己試著重現。

就是炸麵包。裡面的卡士達醬也不會太死甜。也有賣巧克力奶油口味。

再現食譜

材料

A
高筋麵粉	110g
低筋麵粉	20g
砂糖	15g
鹽	1.5g
檸檬皮碎屑	少許
乾酵母	3g

蛋黃	1 個
牛奶	80g
無鹽奶油	20g
炸油	適量
卡士達奶油	適量
砂糖	適量

作法

1　奶油置於室溫下放軟。

2　將《A》的材料放入人碗中，加上蛋黃與牛奶仔細混合。

3　放在平台上好好的揉過。等到整體揉成一整個而且不會黏手的時候，加入奶油繼續揉。

4　揉到變平滑後，做成一坨圓放在碗中。蓋上保鮮膜，放置在溫暖的地方（約30 度），待其發酵至 2 倍大左右。

5　把麵團分成 7 等分搓成球狀，排在棉布上或帆布上，輕輕壓成扁平狀。

6　放置在溫暖的地方 50 ～ 60 分鐘 2 次發酵。

7　用 170 度的油炸 3 ～ 4 分鐘。途中翻面兩次左右，使其均勻上色。

8　用習慣使用的擠花袋注入卡士達奶油，再撒上砂糖。

4

Lebanon & Iran

黎巴嫩

伊朗

紅酒煮蘋果
起司蛋糕

黎巴嫩
貝魯特　德黑蘭 ★ 伊朗
★
伊斯法罕

開心果仁「Gaz 風」
奶油酥餅

說到中東的甜點，大部分人可能都沒有頭緒。

可能因為高溫且氣候乾燥，身體會消耗很多能量吧，炸點心和塗滿糖漿或蜂蜜的「Baklava（果仁甜餅）」、「Burma（波瑪開心果卷）」等甜品，油脂和甜分都非常強烈，口味太重，對日本人來說難以接受。據說因為中東住了很多伊斯蘭教徒，並且禁止酒精，因此會更加渴望吃到這種甜度的甜點。

話雖如此，開心果或椰棗等材料和組合都是日本人所喜愛的，因此可以完全脫離當地風味，用日本人容易入手的材料，試做即便是潮濕的日本也覺得清爽好吃的創作甜點。搭配中東茶「chai」一起享用的話，便能品味到西式甜點與日式甜點所沒有的異國情調。

紅酒煮蘋果起司蛋糕

　　黎巴嫩的早餐一定少不了有著濃縮優格般清爽酸味的新鮮柔軟起司。因此，這裡試著將蘋果與起司蛋糕組合起來，以同為優質葡萄酒產地的黎巴嫩為概念，用紅酒將蘋果煮到入味。

　　香噴噴的派皮中，填入柔軟的起司與煮蘋果，撒上糖粉奶油細末後慢慢地烘烤。雖然簡單，但可以享受到各種不同的口感，完全冷卻後就來享用吧。

Lebanon

材料　　直徑 18cm 的派塔模型（底部可以分開的形式）1 個份

蘋果紅酒煮

蘋果（紅玉）	½ 個
砂糖	15g
紅酒	60g
檸檬汁	5g
肉桂粉	少許

派皮

高筋麵粉	35g
低筋麵粉	35g
鹽	2g
砂糖	10g
無鹽奶油	35g
冷水	27g

軟內餡

奶油起司	160g
砂糖	30g
生奶油	35g
蛋白	35g
檸檬	5g

糖粉奶油細末

無鹽奶油	20g
糖粉	20g
低筋麵粉	35g
水	2～3g

作法

1　製作紅酒煮蘋果。蘋果削皮切成 1cm 厚的薄片，用砂糖、紅酒、檸檬汁一起用鍋內蓋蓋上煮 10 分鐘。

2　蘋果煮軟後關火，撒上肉桂粉後放置一晚。取出後排在烘培紙上稍微晾乾。

3　參考 65 頁製作派皮麵團，邊撒麵粉（份量外）一邊用擀麵棍擀成 3mm 厚、比模子大一些的圓形。盡量擀成厚度平均的麵皮。

4　用擀麵棍捲起，鋪在模子上方，在側邊一邊捏出皺褶一邊延著模子鋪平。側邊將多餘的麵皮重疊起來

5　用擀麵棍在上緣擀一下，取下多餘的麵皮。放入冰箱中冷藏 1 小時。

> **Point**
>
> 派皮非常的容易縮，冷藏中也會縮，先讓它鬆馳。

6　把摺疊的麵皮部分用手指壓緊，使其完全緊貼模子內側。

> **Point**
>
> 避免麵皮垂軟，儘快進行這些步驟。麵皮變黏的時候，撒一點麵粉。

8　用烘焙紙剪出比模子大的圓形，只把側邊有高度的部分垂直剪開許多道直線。放進麵皮中，再倒入重石（小顆的豆子或是鋁製的重石等），用 200 度烤 20 分鐘。

7　用廚房剪刀在離邊緣 2～3mm 的地方剪一圈。用叉子在全體的底部戳洞。

Point

將模子傾斜取出重石。烘焙紙很容易撕破，要小心不要燙傷了。

9　取下烘焙紙與重石，再烤 10 分鐘。

10　製作柔軟內餡。將放軟的奶油起司與砂糖充分混合，變平滑後將剩餘的材料一一依序加入並一樣樣仔細攪拌。

11　在 **9** 的上面排上已稍微晾乾的紅酒煮蘋果，再倒入軟內餡。

12　照 65 頁的作法製作糖粉奶油細末，平均撒滿整個表面。

13　用 180 度烤 20 分鐘。大致降溫後放入冰箱充分冷卻後即可享用。

Roots of Recipes　　食譜的根源

中東國家給人一種酷熱的印象，能種出溫帶地區才有的蘋果可能會讓人很意外。雖然沿海地區是炎熱到可以種出香蕉來，但山區可是冬天能當作滑雪場的涼爽。明明是只有崎阜縣那麼點大的國土，但也是根據地方不同氣候亦不盡相同的有趣國家。

9 月造訪時，地勢高的地方蘋果已經結果，只是問個路，路邊的人家便從自家的庭院直接摘了蘋果當成禮物送給我。另外，在料理教室（第 53 頁）也被招待了用自家種的蘋果做的甜點。黎巴嫩有著許多親切的人們以及蘋果的回憶。

總有一天，想請照顧過我的親切的黎巴嫩人們吃吃看我做的，將名產們組合起來的起司蛋糕。

在路途中收到的蘋果

料理教室中被款待的蘋果

黎巴嫩篇

超～甜的阿拉伯點心！

一開始對黎巴嫩的印象是充滿綠色的地方。對日本人來說，中東就是「沙漠、石油、治安有點差」的地方，但其實有茂盛的森林與山的恩惠，農產品也很豐富。

此外，在小小的國土內，有各種信仰和文化的人們和平共存，黎巴嫩人對第一次見面的人沒有戒心、性格開朗坦率，或許這種氣質就是使人們能共存的秘訣。所以我很安心地在這個國家旅行。

糕點以阿拉伯點心為主，貝魯特之類的都市，則以年輕人為中心一點一點地被歐式點心影響。

首都貝魯特有著地中海沿岸渡假區的氣氛，商店與飯店櫛比鱗次。路上有清真寺也有教會，充分感受到這裡的人們擁有各種不同的宗教信仰與文化。

貝勒貝克巨石等世界遺產被以很好的狀態保存下來。

貝勒貝克附近的小酒吧中看到了很好吃的東西。興趣滿滿地看著它的時候，店家就說明並表演了一次作法。「Esfirra（斯菲亞）」是一種包起來的小披薩，餡料多為羊絞肉混番茄與香料。用來當下酒菜的話應該很不錯。

放在小盤上排列幾樣前菜的「Meze（梅澤）」，是黎巴嫩料理的經典菜色。代表菜為「Hummus（鷹嘴豆泥）」、「Mutabbal（茄子泥）」、芹菜、番茄、小黃瓜沙拉「Tabbouleh（塔布勒沙拉）」，用麵包切片沾著豆泥食用。

貝魯特的阿拉伯點心店。大量的糕點堆得像山一樣高。糕點師把剛做好的新鮮糕餅放在托盤上運送。

幾乎都是用麵粉做的薄麵皮與堅果加在一起烘烤，淋上大量糖漿的貝勒貝克風、以及用麵條般細的麵皮卷堅果泥等。

原本是量販的，特別請店家一種各賣我一個。每一種都浸泡過蜂蜜，非常非常甜。要是有苦咖啡的話，就能慢慢享用了。

自助餐的甜點混合了歐風與阿拉伯風。大理石蛋糕與撒滿堅果的阿拉伯風蛋糕混搭。我選了春卷風的阿拉伯糕點覆盆子塔，飲料是玫瑰茶。

貝魯特只有幾間歐風的蛋糕店。受到被統治時期的影響，以法國點心為基本，磅蛋糕、巧克力千層蛋糕、蛋糕捲等，有許多熟悉的糕點。但其它地方完全沒有這些，都是以阿拉伯糕點為主。

送禮用的禮盒。裡面的內容物可以自己選擇組合。對我們日本人來說，果乾與堅果的夾心蛋糕似乎比較合口味。十分推薦拿來當土產。

黎巴嫩的家庭料理教室

沿海的城鎮，打擾了導遊介紹的安德瓦涅特小姐家。媽媽身材嬌小又十分可愛。今天的菜單是大茄子與雞肉的炊飯、鷹嘴豆泥、塔布勒沙拉。

因為安德瓦涅特小姐講阿拉伯文，她的姪子為我們翻譯。年輕人除了母語之外，會英文或法文的人比較多。

> 我也幫忙做了炸茄子、切芹菜與番茄等。

在大鍋中炊飯，用鍋子一次次的盛進大鍋中。最後再撒上烤過的杏仁。

明明今天才第一次見面，大家卻像一家人一樣。吃完飯後，我的旅遊嚮導兼司機還教我如何沖泡阿拉伯咖啡。

與微苦的咖啡一起搭配的，是手製的無花果與堅果果醬，不會太甜，重點是可以吃到無花果自然的甜味與噗滋噗滋的顆粒感，以及芝麻和胡桃的口感。塗在跟可麗餅皮差不多薄的麵包上享用最棒了！因為實在是太感動，拜託他們讓我帶一些回家了。

開心果仁
「Gaz 風」奶油酥餅

Iran

　　古都伊斯法罕的名產是將在這個地區採收的開心果揉入牛軋糖「Gaz（波斯牛軋糖）」中，與椰棗做的甜點搭配茶一起吃。

　　在家裡做牛軋糖有點難，我們在小的開心果奶油酥餅上灑上糖粉，做成「Gaz風」的點心。請與伊朗流的椰棗點心和薄荷茶、薑茶等一同享用。

材料　　約45個份

奶油酥餅麵團

糖粉	30g
杏仁粉	30g
低筋麵粉	60g
無鹽奶油	60g
開心果	15g

裝飾用

不會融化的糖粉	適量

＊沒有開心果的時候可以用烤過的杏仁切片或胡桃替代也很好吃。

＊不會融化的糖粉是裝飾用的篩過的糖粉。

作法

1　將糖粉、杏仁粉、低筋麵粉、奶油（還沒融化的狀態就可以）放入食物調理機，打成粉狀。

2　繼續攪拌至有點潮濕的泥狀再加入開心果拌，直到開心果變成顆粒狀。打過頭會變成粉狀，充分攪拌後就停止。

3　移到砧板或桌面上並分成兩份。邊灑一些麵粉（份量外）一邊用手將其滾成24cm長的棒狀，蓋上保鮮膜冷凍30分鐘。

4　切成9～10cm厚，排列在鋪了烘焙紙烤盤上，用180度烤10分鐘左右。

5　烤好了。全體薄薄上一層顏色即可。然後待其完全冷卻。

Point

顏色不要烤得太深，會比較有Gaz的感覺。

6　冷卻之後將奶油酥餅與糖粉一起放入塑膠袋內，密封起來之後仔細將其裹上糖粉，整個染白。將多餘的糖粉輕輕撢掉就完成了。放在陰涼處可以保存一個星期左右。

椰棗點心

用刀子切開椰棗（乾燥過並取下果核），塞入烤過並切半的堅果。用力壓緊使其合在一起。使用李子乾的話，可以用剪刀橫剪成兩半。

伊朗人對甜食有著旺盛的好奇心！

伊朗篇

在拜訪伊朗前，對伊朗的印象大約是「女性會把頭髮遮住」、「不能喝酒」等，覺得是連觀光客都必須嚴守伊斯蘭教規的國家。但實際走一趟就能發現，年輕人愛吃速食、生日時全家用西洋風的蛋糕慶祝、喝無酒精的啤酒。雖然文化有差異，但知道他們的生活與我們沒有兩樣後，突然覺得親近感倍增。

而且每個人都非常親切，也很親日。與當地人的交流也讓人感到很溫暖。他們很愛甜食，歐風蛋糕與本地糕點種類都相當豐富，聽說平日也常享用各式各樣的甜點。我帶去當禮物的自製手工餅乾喜獲「酥脆又好吃」的好評。

自古就一直是貿易據點，16世紀時非常繁榮，曾被稱為「世界的一半」的都市伊斯法罕。看著以漂亮的藍色瓦片建成的巨大伊瑪目清真寺，及其廣大的庭園，當真是「到過伊斯法罕就像看過半個世界」。

有著潺潺流水的庭園。在水資源貴重的南部，這是富有的象徵。

洋溢著異國情調的商店街。排滿了從低價到高價的波斯地毯。從野餐用的一直到嫁妝用的，可以感受到波斯地毯與伊朗人生活的密切關係。

作為一大產地，市場上販售著大量的開心果！我第一次見到生的開心果！

餐後浮在裡海的棧橋上享用椰棗與茶。伊朗的茶是不加砂糖的。取而代之的是一邊嚼著砂糖結晶一邊喝，或是混入加入番紅花的棒狀砂糖一起喝。

一般早餐都是薄煎麵包，搭配滿滿的優格與蜂蜜、水果等。

外國人的女性也被要求要遮住頭髮與肌膚。最方便的是被稱為「Hijab」的蓋頭巾（右）。大多數的女性都使用這個。依顏色或捲的方式，可以享受不同的時尚。

包覆全身的「Chador」是正裝。要進入清真寺或寺廟的話一定要穿。都會的年輕女性則沒什麼機會穿到。

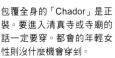

完全包覆蓋住的「Maghna'e」。因為覺得很涼快所以蠻喜歡的，但被店員笑說「好像老師」。大概是因為氣氛看起來很嚴肅吧。

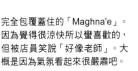

伊斯法罕的點心店見習

我向導遊要求要去蛋糕店看看，他幫我交涉到了去廚房見習的機會。可能因為我是甜點師，而且穿著「Maghna'e」給了他們好印象，特別給我許可。

廚房不能直接穿鞋進去，需要套上鞋套。雖然說中東大多是這樣，但伊朗人特別愛乾淨。

廚房設備與日本幾乎相同。就算是如此遙遠的國家與文化，我們卻從事著相同的工作。

攪拌機與揉麵團的機器也一樣。因為感到親切，覺得很開心。不一樣的是，糕點師幾乎沒有女性。店員則有女性。

伊斯法罕的名產「Gaz」。口感像棉花糖一樣蓬鬆。裡面有滿滿的開心果，開心果越多越高級。

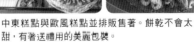

中東糕點與歐風糕點並排販售著。餅乾不會太甜，有著送禮用的美麗包裝。

也有華麗的圓形蛋糕。不喝酒的伊朗人超愛甜食，蛋糕是平常很常吃的東西。

造訪了料理學校。甜點是米布丁。加了甜味的蒸米飯，用番紅花染上色彩。這是完成後灑上肉桂粉的模樣。

晚上在飯店的花園咖啡廳拍的。炸糕點當然淋上了滿滿的蜂蜜。不過，搭配有清涼感的薄荷茶，意外的無論幾個都吃得下去。

在北部發現了鄉土糕點的路邊攤，包著胡桃內餡宛如散發出些微辛香料的饅頭般地烤糕點，似乎叫「Koloucheh」。用專用的道具在外層壓出螺旋模樣就完成了。

5

台灣

Taiwan

臺北

鳳梨奶油蛋糕

　　從日本出發約3個半小時就能抵達台灣，是能輕鬆前往的人氣景點。蔬菜多且健康的台灣料理、和酷暑絕配的冰涼甜點、熱鬧的夜市路邊攤、沉穩親切的當地人……樂趣很多，我也去了非常多次。

　　使用特產的水果如芒果或鳳梨、西瓜、火龍果等，是台灣甜點的一大特徵，就算沒有去過，至少也吃過一次經典的土產「鳳梨酥」吧？

　　因為是潮濕的炎熱氣候，蛋糕整體來說不會太甜，很合日本人的口味，因此，我不大肆改變味道的結構，加強麵團的濕潤度，再強調清爽的酸味，將每個部份精細地調整。

台灣的代表性土產「鳳梨酥」。用餅乾外皮包著鳳梨內餡，烤成小小的四方形糕點。

我則將更柔軟且濕潤的可麗餅皮加以結合，試著烤成了圓形的派。加上了檸檬與椰子，夏日的清涼感亦大升級。隨著時間過去，鳳梨的水分轉移進派皮裡，口感更濕潤更好吃。推薦在酷暑時冷藏後食用。

鳳梨奶油蛋糕

鳳梨奶油蛋糕

Taiwan

材料　上緣直徑 16cm，下緣直徑 13cm 的梯型模一個份

鳳梨內餡

鳳梨（罐裝）	200g（五個份）
砂糖	20g
麥芽糖	20g
檸檬汁	10g

可麗餅皮

無鹽奶油	70g
糖粉	70g
蛋黃	30g（約 1.5 個）
牛奶	6g
萊姆酒	6g
檸檬皮碎屑	⅓ 個份
低筋麵粉	100g
泡打粉	2g
椰子粉	15g

塗抹用蛋

蛋黃	1 個
即溶咖啡	½ 小匙
水	少許

事前準備　在模子內部塗一層無鹽奶油（份量外），放在冰箱內凝固，再用高筋麵粉（份量外，沒有的話可以用低筋麵粉）全體灑上一層，再將模子倒扣將多餘的麵粉抖下來。然後再放進冰箱冷藏。

作法

1　製作鳳梨內餡。
將鳳梨用食物調理機切成粗粒。不需打到太細滑，稍微留下一些纖維口感更有鳳梨的感覺。用刀子切也可以。

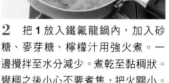

2　把 **1** 放入鐵氟龍鍋內，加入砂糖、麥芽糖、檸檬汁用強火煮。一邊攪拌至水分減少。煮乾至黏稠狀。變稠之後小心不要煮焦，把火關小。

3　煮至 120g 左右移至容器中，待其完全冷卻。糊狀的狀態可以直接冷凍保存。

Point

測量過如果量還太多的話，倒回鍋中繼續煮乾。一定要收乾至剛好 120g。注意不要煮焦。

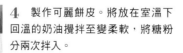

4　製作可麗餅皮。將放在室溫下回溫的奶油攪拌至變柔軟，將糖粉分兩次拌入。

5 蛋黃、牛奶、萊姆酒、檸檬皮碎屑等依序加入。

6 篩入低筋麵粉與泡打粉，用橡皮刮刀仔細混合。中途加入椰子粉，整體攪拌均勻。

7 用裝了直徑 1cm 花嘴的擠花袋，裝入 150g 的可麗餅麵糊，從模子的底部中央輕輕擠出成螺旋狀完全填滿底部。

8 將模子傾斜，使花嘴與內側邊呈垂直狀擠出麵糊，延著下緣一圈一圈往上擠一層，將可麗餅麵糊做成容器狀。較薄的地方可以擠上兩層，讓全體的厚度平均。

9 將已冷卻的鳳梨糊分成幾份四散在底部的各處，再將其展開鋪平。煮得不夠乾的話，麵糊會有沒熟的狀況，請一定要煮得夠乾。

10 將剩下的麵糊用同樣的擠花袋，從表面的中心開始向外擠成螺旋狀直至完整覆蓋整個表面。盡量讓其平整。

11 用橡膠刮刀把可麗餅麵糊抹平，放入冰箱裡冷藏 20 分鐘讓表面冷卻凝固。表面不平整的話蛋黃塗醬畫出來的圖案會不漂亮，盡量使其平順。

12 製作蛋黃塗醬。用少許的水溶化即溶咖啡，再一點一點加入蛋黃裡，使其變成深咖啡色。用刷毛柔軟的刷子側邊，將蛋液平均塗在 11 的表面上。

Point

塗到離邊緣 5mm 左右的位置，注意不要塗到模子。

13 用竹籤在蛋黃塗醬上劃上喜歡的圖案。這時要注意不要劃得太深。比起複雜纖細的圖案，簡單的圖案比較好。

14 用 180 度烤 15 分鐘，再把溫度降至 170 度烤 15 分鐘。參考 65 頁的方法脫模。烤好時很軟，脫模時要非常小心。放入密閉容器中後，冷藏兩天之後再吃最美味。

Ivy 老師的台灣料理課

　　我造訪了在台北近郊自宅中開設料理教室的Ivy老師。因為可以用英文進行課程，很受外國人的歡迎，她也非常習慣教像我這樣的旅行者。

　　老師非常友善，一抵達她家就先請我們喝台灣茶。料理當然很好吃，我們還聊了台灣與日本食文化的差異、台灣人的日常生活，還交換了笑話等等，開心地聊到停不下來。「你也來台灣開蛋糕教室嘛！」就像這樣，跟朋友聊天一樣的氛圍。

與老師約在市場會合。如果希望的話，也可以帶學生做市場的參觀。光是這裡就充斥著未知的食材，一直向老師發動問題攻勢。我在這裡買了日本的食材。

菜單是「蚵仔煎」、「香炒花枝」、「蘿蔔糕」。蘿蔔糕是廣東料理，是我特別拜託的。甜點是鳳梨酥。

蘿蔔糕是先蒸過，冷卻後切片用平底鍋煎出顏色來。

蚵仔煎柔軟有嚼勁的秘訣在於加了地瓜粉！一直以來的疑問終於得到了解答。

用剛買的新鮮花枝做的炒花枝。炒好後加上九層塔。

只在路邊攤吃過的蚵仔煎。

老師一邊仔細解說，一轉眼就完成了3道菜，非常厲害。

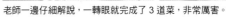

Ivy's kitchen　　http://kitchenivy.com

＊課程需要預約。可以事前討論希望學習的菜單。

Lesson

來做正統的鳳梨酥吧！

老師教的鳳梨酥很濕潤，非常好吃！

在台灣，自行手作的人也很多，不僅是專用模子，連內餡也有賣，還有販賣專用的個別包裝小包裝袋。也許是嚐過手工做的鳳梨酥之後就不想再買店裡的了吧。

這裡介紹的食譜，為了用能在日本買到的材料，稍微調整過內容。烤好後放三天左右再吃，既濕潤又入味，會變得更好吃。

材料

5×5cm 的鳳梨酥模子 10 個份

餅皮麵團

無鹽奶油	75g
糖粉	23g
全蛋	30g
鹽	1 小撮
脫脂牛奶	30g
低筋麵粉	130g
喜歡的帕瑪森起司	少許

＊鳳梨內餡請參考 60 頁，用兩倍的材料製作，煮乾至剩 220 克，冷卻後放入冰箱冷藏備用。

讓奶油在室溫下回溫變軟，依序加入所有麵團材料混合。最後再篩入低筋麵粉，用橡膠刮刀攪拌整型至變成一個麵團。加入喜歡的帕瑪森起司粉的話，可以增加味道的深度，吃起來會更接近正統的鳳梨酥。

用塑膠袋包起來，放入冰箱中冷藏30 分鐘，分成十等份。把鳳梨內餡也分成十等份並搓成圓球。邊撒一點麵粉（份量外）邊把餅皮麵團在手掌上壓成直徑 6cm 左右的圓形，把內餡放上去包起來。

用壓模具的棒子像蓋印章一般把麵團壓實。沒有棒子的話也可以用前方是平的工具來壓。

壓得緊緊的！壓緊！

讓麵皮厚度均等，不要漏出來是重點。把鳳梨酥模子排在鋪了烘焙紙的烤盤上（什麼都不用塗），把包好的麵團塞進去。

用 180 度 烤 13 ～ 15 分鐘。烤好後蓋上一層烘焙紙，用另一個烤盤蓋上後確實地壓緊，然後翻面。

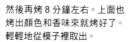

老師熟練的手法！

然後再烤 8 分鐘左右。上面也烤出顏色和香味來就烤好了。輕輕地從模子裡取出。

待冷卻後放入專用包裝盒子裡，完成！

購入盒子的店
洪春梅西點器具店（位於台北的乾貨街．迪化街的烘焙用品店）
台北市民生西路 389 號

台灣篇

對身體很好的台灣甜點

我已經去過台北5～6次了，不管怎麼說，台灣的魅力就在於料理和甜點。無論是高級料理或是庶民的路邊攤，都使用了種類豐富的蔬菜，調味也不會太重，再怎麼吃也不會膩。使用台灣食材的甜點，既清爽對身體又好，也很合日本人的口味。另外台灣產的烏龍茶，當地會仔細教你泡法，這樣的好風味與甘味兼具的美味烏龍我還是頭一次了解。

就算台北已經朝向都市化發展，人們依然保守又溫和，走在大街小巷和夜市中，都能給人一種懷念感，回國後馬上懷念起這種感覺了。

一定要去的茶藝館。領教了用像家家酒般的小茶壺與小杯子泡的台灣烏龍茶的魅力。

對茶葉的種類以及熱水的溫度等都很下工夫，泡出來的茶完全帶出其甘味與風味。讓人放鬆到忘記了時間。

說到夏天的甜點就是愛玉了。浮在檸檬糖水上的黃色果凍有著獨特的口感。這是台灣特有的植物，將種子在水中搓揉而產生的果凍。

茶藝館的另一個樂趣是一口大小的茶點。味道介於中華風與和風的中間，落雁（日式和菓子皮）般的麵皮以及求肥（日式糕點皮）包住的內餡，是用紅豆或棗子做的，有著自然的甜味。與細緻的台灣茶十分搭配。

豆花則是用豆漿製成的，有著柔軟溫和的風味。淋上黑糖糖漿或生薑糖漿，撒上煮花生、紅豆、芋圓、水果、粉圓等喜歡的東西當裝飾。

也有販售美麗蛋糕的蛋糕店，不會過甜，很合日本人的口味。小鴨子好可愛！

市內有很多個夜市，我當然會去吃路邊攤。糖葫蘆、涼圓等，有很多色彩鮮豔的甜點！

在盛產熱帶水果的台灣，一年四季都喝得到西瓜汁。

基本麵團的製作方法

這裡介紹最基本的配方。依據要製作的糕點不同，配方與份量都會有所調整。請依照食譜來準備、製作和烘烤。

甜塔皮

材料

糖粉⋯⋯⋯⋯⋯⋯25g
低筋麵粉⋯⋯⋯⋯70g
無鹽奶油⋯⋯⋯⋯35g
蛋黃⋯⋯⋯⋯⋯⋯1個

作法

1 在食物調理機中放入糖粉、低筋麵粉、冷藏狀態還沒變軟的奶油攪拌直至變成粉狀後，加入蛋黃。

2 加入蛋黃後，不是讓它持續攪拌，而是按一下按一下開關，讓它一下一下的攪動，從粉狀變成顆粒狀。不要讓它變成像炒蛋一樣的濕潤顆粒狀。

3 放入塑膠袋內展開鋪平，放入冰箱醒麵1小時以上。醒麵後比較不會因為烘烤而縮小，麵團也會變得較緊實比較容易擀開。這個狀態下可以冷凍保存。

酥皮麵團

材料

高筋麵粉⋯⋯⋯⋯35g
低筋麵粉⋯⋯⋯⋯35g
砂糖⋯⋯⋯⋯⋯⋯10g
鹽⋯⋯⋯⋯⋯⋯⋯2g
無鹽奶油⋯⋯⋯⋯35g
冷水⋯⋯⋯⋯⋯⋯27g

作法

1 把高筋麵粉、低筋麵粉、砂糖、鹽、冷藏狀態還沒變軟的奶油放進食物調理機，不是讓它連續攪拌，而是一下一下的按開關攪動它，直到奶油被切成1cm左右的粗粒後，再加入冷水。

2 同樣一點一點的轉動食物調理機，直到變成像炒蛋一樣還留有一點粉感的顆粒狀即可。注意不要攪拌過頭。

3 放入塑膠袋展開鋪平，在冰箱內放置1小時以上。醒麵後比較不會因為烘烤而縮小，麵團也會變得較緊實比較容易擀開。這個狀態下可以冷凍保存。

糖粉奶油細末

材料

糖粉⋯⋯⋯⋯⋯⋯20g
低筋麵粉⋯⋯⋯⋯35g
無鹽奶油⋯⋯⋯⋯20g
冷水⋯⋯⋯⋯⋯2～3g

作法

1 將砂糖與低筋麵粉放入食物調理機，兩者都不需過篩。加入冷藏狀態還沒變軟的奶油，打碎至成粉狀。

2 加入冷水，再啟動調理機，不是讓它持續攪拌，而是按一下按一下開關，讓它一下一下的攪動，一開始是粉狀，等它粉狀慢慢消失而呈炒蛋般的粗顆粒狀就完成了。放入碗中再放在冰箱內冷藏備用。

漂亮地從模型中取出蛋糕的小撇步

先在模子內部塗奶油再撒上一層粉之後，再倒入麵糊。如此麵糊容易在模子內展開，烤好時也容易從模子內取出，是必要的絕竅。勉強取出的話會整個垮掉，用以下的方法漂亮的把蛋糕拿出來吧。

剛從烤箱拿出來時，不要馬上倒扣，而是先把模子傾斜，用側面敲桌子一圈。冷卻後會很難拿出，要趁溫熱時取出。敲一圈的話，蛋糕會因為本身的重量而跟模子邊緣產生空隙。

在模子上面鋪一層烘焙紙，再蓋上烤網或板子，再整個倒扣過來。然後再慢慢地把模子拿起來。蛋糕還溫熱的時候比較容易垮掉，所以拿模子的動作要緩慢慎重。

6

從 旅 行 中 產 生 的 食 譜

拉脫維亞
Latvia & Estonia
愛沙尼亞

金線李糖粉奶油蛋糕

愛沙尼亞
塔林
里加
拉脫維亞

燒焦奶油蜂蜜瑪德蓮 &
糖漬柚子瑪德蓮

莓類杏仁蛋糕

　　被稱為波羅的海三小國的拉脫維亞與愛沙尼亞（還有一國是利陶宛），在地理及歷史上與德國和俄羅斯都有深厚的淵源，甜點也受這兩個國家很大影響。

　　街上常見到發祥地為德國的糖粉奶油蛋糕，與呂貝克等名產是杏仁糖霜蛋糕的都市自古以來就有繁盛的貿易交流，所以並排販售著種類繁多的杏仁糖霜製品。這裡也是俄羅斯貴族們的避寒聖地，也販售著用蜂蜜風味的麵皮與奶油層層疊起的「Medovik（俄式蜂蜜蛋糕）」。

　　波羅的海三小國，國土覆蓋著廣大的森林，可謂是「森林之國」。從它國傳來的糕點，也大量使用森林中採收的種類豐富的莓果，以清爽又水潤的蛋糕來完成。我也在日本人熟悉的糕點中加入莓果與蜂蜜，寫了波羅的海風的食譜。

金線李糖粉奶油蛋糕

　　我把李子的一個種類「金線李」與糖粉奶油蛋糕組合起來。在有著溫和甜味的麵皮中加上金線李的酸味，是適合夏天口味輕爽的蛋糕。搭配與清爽的檸檬和金線李相性很合的肉桂粉，將風味的深度更提升了一個層次。推薦冰涼後食用。

　　在沒有金線李的季節，用杏子或洋梨罐頭來製作也會很好吃。

Latvia

材料　直徑 18cm 的淺杯型蛋糕模一個份

糖粉奶油蛋糕	
無鹽奶油	10g
糖粉	10g
低筋麵粉	20g
肉桂粉	少許
牛奶	1～2g
金線李	大的 1～1.5 個（80～90g）

蛋糕麵團	
無鹽奶油	60g
糖粉	60g
全蛋	60g（1 個大的）
檸檬皮碎屑	少許
低筋麵粉	60g
玉米澱粉	10g
泡打粉	2g
不會溶化的糖粉	適量

＊也可以用底部可以分開的塔模來做（直徑要和指定的一樣）。這時要在內側薄薄塗一層奶油再使用。

＊不會溶化的糖粉是裝飾用灑在表面的糖粉。

作法

1　參考 65 頁製作糖粉奶油細末。在這裡加入肉桂粉一起製作，然後放涼。

2　把金線李切成不到 1cm 的厚片，用廚房紙巾夾起來吸乾水分。

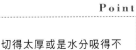

Point

切得太厚或是水分吸得不夠乾的話，會造成麵團不易烤熟，請注意。

3　製作蛋糕麵團。將放在室溫下變軟的奶油，用手持攪拌器攪拌到呈乳霜狀，邊攪拌邊分兩次加入砂糖，攪拌均勻直至變白。

4　把蛋在室溫下放置回溫之後，邊攪拌麵團邊分三次加入蛋汁，並充分混合。加入檸檬皮碎屑。

5　將篩好的低筋麵粉、玉米澱粉及泡打粉混合後篩入，用橡皮刮刀混合。

Point

中間較不容易烤透，膨起來時中間會變高，先把中間弄凹的話，烤好時會比較平。

6 攪拌到沒有粉感、質地變得光滑就可以了。不要攪拌過頭。

7 倒入模子中，用刮刀展開鋪平（中間較薄兩邊較厚）。

Point

不要太過密集，如果重疊的話，麵團會不容易烤熟。尤其是中間，不要排太多。

8 把 **2** 的金線李隔著適當間隔排上去。

9 把糖粉奶油細末平均地撒在全體表面上。

11 用篩子將不會溶化的裝飾用糖粉灑在表面上。放入密閉容器中，在冰箱冷藏 1 ～ 2 天後會很好吃。冰的或常溫都很好吃。

10 用 180 度烤 35 分鐘。完全冷卻之後再脫模。

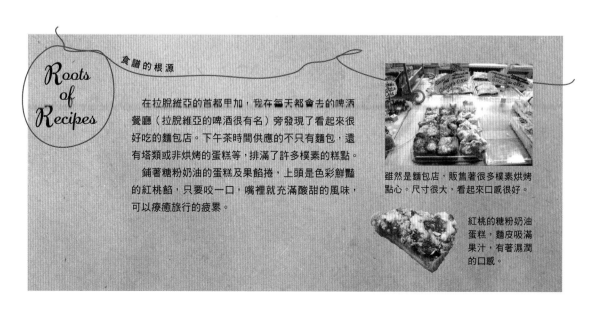

Roots of Recipes

食譜的根源

　　在拉脫維亞的首都里加，我在每天都會去的啤酒餐廳（拉脫維亞的啤酒很有名）旁發現了看起來很好吃的麵包店。下午茶時間供應的不只有麵包，還有塔類或非烘烤的蛋糕等，排滿了許多樸素的糕點。

　　鋪著糖粉奶油的蛋糕及果餡捲，上頭是色彩鮮豔的紅桃餡，只要咬一口，嘴裡就充滿酸甜的風味，可以療癒旅行的疲累。

雖然是麵包店，販售著很多樸素烘烤點心。尺寸很大，看起來口感很好。

紅桃的糖粉奶油蛋糕，麵皮吸滿果汁，有著濕潤的口感。

莓類杏仁蛋糕

杏仁蛋糕是在杏仁麵團上放滿杏仁薄片的塔。因此，以無論是甜點還是料理都經常使用莓果的波羅的海三小國為概念，將覆盆子與覆盆子果醬一起烘烤。因為做成迷你塔，會更加凸顯派皮的美味，請品嚐甜與酸的微妙搭配吧。

Latvia

材料　直徑 5.5cm 的塔杯模 4 個份

甜塔皮

糖粉	25g
低筋麵粉	70g
無鹽奶油	35g
蛋黃	1 個

杏仁奶油

無鹽奶油	30g
砂糖	30g
全蛋	30g
杏仁粉	30g
檸檬皮碎屑	少許
萊姆酒	3g

內餡

覆盆子醬	40g
覆盆子果乾	30g
杏仁切片	適量

裝飾

覆盆子醬（已過濾）	40g
水	適量
不會溶化的糖粉、開心果	各適量

＊覆盆子果乾推薦拉脫維亞產的。沒有覆盆子果乾的話，也可以用櫻桃乾或黑醋栗乾來代替，也很好吃。

＊不會溶化的糖粉是裝飾用的糖粉。

作法

1　參考 65 頁的作法製作甜塔皮。跟 30 頁一樣用擀麵棍擀平拉長，鋪在模子內貼平後用刀子沿著上緣切齊。不要讓塔皮垂垮，放入冰箱中冷卻。

2　製作杏仁奶油。在回到室溫稍微變軟並壓碎的奶油中依序加入材料，仔細混合攪拌。

3　把 **1** 當成底，平均填入覆盆子醬（每個 10g）並鋪平，再撒入覆盆子果乾。

4　每個都填入 30g 的杏仁奶油，稍微鋪平。

5　放上滿滿的杏仁片，輕輕壓下去一點點。用 180 度烤 25 分鐘左右上色。

6　將覆盆子果醬與少量水放入小鍋中用中火煮到完全溶化，再用刷子平均塗在 **5** 上。

7　用尺隔出撒糖的部位，用篩子撒上不會溶化的糖粉做裝飾，挪開尺規，然後再隨意撒上開心果。

Point

不需要塗很多次弄得很濕黏，只塗一次、快速地平塗在表面，就可以漂亮的塗好。果醬降溫的話可以再加熱讓它回到液狀再塗。

豐富的莓果活用術讓人驚訝

拉脫維亞篇

波羅的海諸國緯度高、夏天短，10月就開始雪花紛飛。我在9月造訪首都里加，白天很涼快，晚上冷颼颼的嚴寒時植物也不容易生長，所以拉脫維亞人會在短暫的夏天裡採集森林中的野莓，做成果醬、糖漬莓果、醬汁等加工食品，預備度過長長的冬天。莓果在冬季是重要的維它命來源，因此不是只有使用在點心裡，還被大大活用在熱飲及料理中。

最近在日本也可以找到拉脫維亞產的莓果了，我知道的時候感到很開心。雖然是不太熟悉的國家，但透過莓果或糕點，拉近了拉脫維亞與日本的距離，真的很棒。

首都里加的市容宛如歐洲繪本中那般羅曼蒂克。這個建築物是市政廳。

因為屋頂上有隻貓咪雕像而被稱為「貓之家」的建築等等，這類充滿故事性的建築俯拾皆是。

格林童話中登場的「布來梅的音樂隊」的動物雕像。據說摸了它們就會得到幸福。好像是因為布來梅與里加是姐妹都市的關係。

我買了上面有滿滿莓果的塔。濃縮了每一顆拉脫維亞的莓果的美味，很好吃。

莓果也被活用在熱飲及料理中。莓果的酸味被用來作為油脂較多的肉類或魚類的提味，讓它們吃起來更清爽。顏色也很漂亮！

市場裡莓果成堆大量販售。種類真的很豐富，也有賣很多我沒看過的莓果。

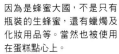

因為是蜂蜜大國，不是只有瓶裝的生蜂蜜，還有蠟燭及化妝用品等。當然也被使用在蛋糕點心上。

「Marmalade（柑橘醬）」是把水果與砂糖煮乾製成的點心。原料是日本沒有見過的橘色的小顆莓果。

還有樸素的烘烤點心和旁邊的奶油切片蛋糕。這些也使用了滿滿的莓果與蜂蜜。

當然麵包的種類也很豐富。

我每天都去的麵包店。從仔細烘烤的派與塔，糖粉奶油蛋糕到起司蛋糕，甜點種類豐富吸睛。

隔壁的啤酒餐廳也使用這裡的黑麵包。肉料理與拉脫維亞啤酒超搭。

買了撒滿罌粟籽的蝴蝶麵包拿來當早餐，不是用派皮而是用丹麥麵包，不會太甜，份量滿點。

當點心用的紅豆起司蛋糕和形狀可愛的餅乾。我在飯店悠閒地享用了它們。

燒焦奶油蜂蜜瑪德蓮 & 糖漬柚子馬德蓮

74

Estonia

　　蜂蜜是波羅的海的代表名產之一。為了直接傳達它的美味，我做了充滿奶油焦香與蜂蜜搭配的簡單馬德蓮。加入蜂蜜，除了增加風味之外，也可以烤得較為濕潤。

　　另外再介紹一個因為柑橘類與蜂蜜很搭而誕生的變化版本馬德蓮食譜。麵團中揉入柚子皮，用柚子果汁做成的糖霜來裝飾，是有著清爽風味的馬德蓮。

材料　　　直徑 6cm 的馬德蓮模子 16 個份

無鹽奶油	80g
全蛋	2 個
砂糖	65g
低筋麵粉	80g
泡打粉	2g
蜂蜜	20g

＊要淋柚子糖霜的話，麵團不需將奶油燒焦，還可以加入柚子皮碎屑製作。

事前準備　在模子內側塗上一層融化的奶油，放進冰箱凝固。整體撒上一層高筋麵粉（份量外，沒有的話就用低筋麵粉）再倒扣過來輕輕敲一敲，把多餘的粉抖落，再放入冰箱中備用。

作法

1　製作燒焦奶油。將奶油放入小鍋中用中火煮，一邊攪拌一邊加熱，直到變成明亮的茶色後關火。

2　馬上將小鍋放入裝了水的容器中冷卻，防止變得更焦，也防止顏色變更深。然後倒入碗中，待其降溫至 40 度左右。

3　把全蛋、砂糖放入碗中混合後，一邊攪拌一邊隔水加熱，直到砂糖溶化、蛋沒有黏性後將碗拿離熱水停止加熱。

4　用打蛋器將全體打到變成原來的兩倍份量（三分發）。

5　將泡打粉與低筋麵粉混合後篩入碗內，用打蛋器攪拌均勻直至沒有粉感即可。

6　加入燒焦奶油與蜂蜜，用橡膠刮刀混合均勻。

7 蓋上保鮮膜，在陰涼處放置 60 分鐘。

Point

放置一陣子之後麵糊會更均勻，烤起來更好吃。

8 再用橡膠刮刀從麵糊下方往上撈起攪拌一次。然後倒入準備好的馬德蓮模子中，每個都倒八分滿，用 180 度烤 13 ～ 15 分鐘左右。

9 將全體烤出顏色來就烤好了。把模子倒扣在桌子或台子上輕敲，就可以脫模了。

淋上柚子糖霜

1 製作糖衣。將砂糖與少許柚子果汁仔細混合，直到將刮刀拿起時會緩慢流下來的程度。

2 用刷子將糖衣塗在放了一陣子的馬德蓮的表面上，放在覆蓋烘焙紙的烤盤上。

3 灑上柚子皮的粗粒，然後用 170 度烤 50 ～ 60 秒，快速烤乾表面糖霜，注意不要烤過頭。然後直接放涼。有糖霜與沒糖霜的版本都一樣，放入密封容器中，放上兩天左右吃起來會很好吃。

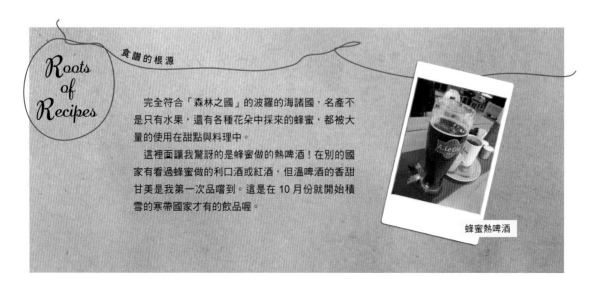

Roots of Recipes

食譜的根源

完全符合「森林之國」的波羅的海諸國，名產不是只有水果，還有各種花朵中採來的蜂蜜，都被大量的使用在甜點與料理中。

這裡面讓我驚訝的是蜂蜜做的熱啤酒！在別的國家有看過蜂蜜做的利口酒或紅酒，但溫啤酒的香甜甘美是我第一次品嚐到。這是在 10 月份就開始積雪的寒帶國家才有的飲品喔。

蜂蜜熱啤酒

森林・中世紀・杏仁糖霜的國家

愛沙尼亞篇

一離開市中心就是一大片幽深的森林，住家和別墅、森林墓地零星四散，在四周圍繞著豐沛的綠林的愛沙尼亞街道，採自森林的莓果或優質蜂蜜不止加工做成甜點或果醬，還做成了天然系化妝品，使用這種化妝品的 spa 和沙龍，似乎頗受女性觀光客歡迎。

此外，首都塔林還殘留著羅曼蒂克的中世紀街景，還有以古老技法手織的亞麻布和毛衣藝品店、呈上野味料理的中世紀餐廳，整條街瀰漫著中世紀氛圍。由於和盛產杏仁膏的德國城市貿易繁盛，在這裡也能找到許多使用杏仁膏的甜點。

不愧是森林之國，餐廳端出了豬肉料理。用磨碎的雜糧、牛奶、少量的砂糖做的愛沙尼亞甜點也充滿了森林的恩惠。添加了藍莓醬汁。

愛沙尼亞的首都塔林的舊市街，保留著從中世紀一直延續到現在的街道，是其魅力所在。有一兩天的時間就可以逛完，是個小而雅緻的城鎮。

市容就是他們的觀光資源，穿著中世紀服裝的人們當導遊或販售名產杏仁蛋糕，超有氣氛。

在古典的咖啡廳裡享用了在杏仁糖霜蛋糕上加了裝飾的夾心蛋糕。

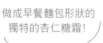

做成早餐麵包形狀的獨特的杏仁糖霜！

這是杏仁糖霜博物館。展示著以前的杏仁糖霜模子與製作過程。

販售著用可愛的手工藝與巧克力裝飾的蛋糕。非常適合當伴手禮。

我參加了杏仁糖霜工藝工作坊。著色以後做成各種自由的形狀。

比利時

Belgium & France

法國

巧克力奶油圓蛋糕

澳洲胡桃巧克力

比利時
布魯塞爾

巴黎
斯特拉斯堡

法國

錦玉風法式水果軟糖

蘋果法式焦糖奶油酥

　　比利時和法國是甜點迷至少想造訪一次的憧憬國度。那裡可以享受到日本所無法想像的各式各樣蛋糕和夾心巧克力。這數十年間，我在比利時和法國累積了點心師的修業，終於能在日本再現正統的味道。法國的傳統糕點在日本成為風潮，「Kouign amann（法式奶油酥）」和「Waffle（格狀鬆餅）」在便利商店都能買到，比利時與法國的地方糕點已經滲透了我們的日常生活。

　　最後要介紹的是，在日本人已經完全熟悉的比利時與法國簡單的地方甜點中再加一些和風素材，入口即溶的口感、味道與外觀都升級的食譜。在大家都已經很熟悉的蛋糕上再加一些工夫，又可以品嘗有新鮮感的美味。

巧克力奶油圓蛋糕

　　大量使用比利時製的高品質巧克力烤出來的奶油圓蛋糕，我追求材料與製作過程的簡單化，做成了能貫徹巧克力美味的食譜。因為最後才加上巧克力粗粒，可以強調濕潤感與濃厚感，像 Bon Bon Chocolat（一種有糖衣和奶油的巧克力）一樣濃厚又入口即溶的烤蛋糕就完成了。

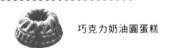

Belgium

材料　直徑 15cm 的奶油圓蛋糕模子一個份

無鹽奶油	45g	杏仁粉	15g
70% 可可的純巧克力	65g	低筋麵粉	15g
蛋白（蛋白霜用）	70g	可可粉	10g
白砂糖（蛋白霜用）	30g	70% 可可的純巧克力	25g
白砂糖	25g	不會溶化的糖粉	各適量
蛋黃	2 個		

＊不會溶化的糖粉是裝飾用灑在表面的糖粉。

事前準備　在模子內側塗上一層融化的奶油，放進冰箱凝固。整體撒上一層高筋麵粉（份量外，沒有的話就用低筋麵粉）再倒扣過來輕輕敲一敲，把多餘的粉抖落，再放入冰箱中備用。

作法

Point

加入油脂多的奶油與巧克力很容易消泡，仔細打泡至產生黏性有硬度的蛋白霜。

1　把奶油與 65g 的巧克力放入碗中，用微波爐溶化。為了讓它不要冷掉，放進盛著 40 度的水的容器中保溫。

2　在另一個碗中放入蛋白、白砂糖，用手持打蛋器將蛋白霜打成泡。

3　在 **1** 裡一邊攪拌一邊照順序加入白砂糖與蛋黃混合至均勻。

4　加入一半的蛋白霜，用打蛋器從下往上大大來回翻攪，快速混合。

Point

一次全加進去的話會消泡，這邊先加入一半。

5 將杏仁粉、低筋麵粉、可可一起混合篩入，用橡膠刮刀攪拌至看不出粉狀。

6 把剩餘的蛋白霜倒入輕輕攪拌。

7 加入 25g 的巧克力粗粒，攪拌均勻至看不到蛋白霜的白色即完成。注意不要攪拌過頭。

8 一口氣倒入模子中，快速抹平，中間稍微壓凹。

9 用 170 度烤 25 ～ 30 分鐘。烤好之後用 65 頁的方法取出。

10 馬上用保鮮膜包起來。包著冷卻可以防止它變得太乾，維持濕潤。放在陰涼處或冰箱內保存，約兩日後正是好吃的時機。吃之前用篩子灑上糖粉裝飾。

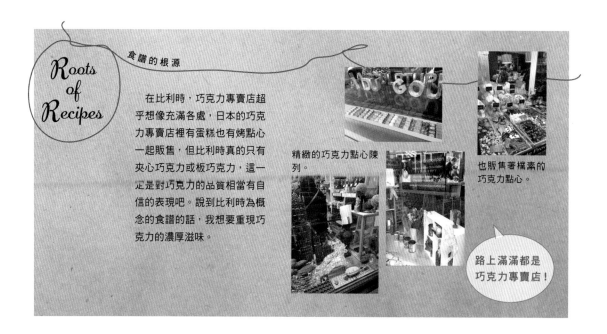

Roots of Recipes

食譜的根源

在比利時，巧克力專賣店超乎想像充滿各處，日本的巧克力專賣店裡有蛋糕也有烤點心一起販售，但比利時真的只有夾心巧克力或板巧克力，這一定是對巧克力的品質相當有自信的表現吧。說到比利時為概念的食譜的話，我想要重現巧克力的濃厚滋味。

精緻的巧克力點心陳列。

也販售著樸素的巧克力點心。

路上滿滿都是巧克力專賣店！

澳洲胡桃巧克力

　　比利時的巧克力專賣店不只賣高級的夾心巧克力，也有很多連小孩都能輕易購買的簡單巧克力。我知道對他們而言優質的巧克力並非什麼特別的東西，是從小就享用的垂手可得的零食。

　　可以輕鬆享用的點心代表就是用巧克力與焦糖裝飾的「杏仁巧克力」，可以用很多種堅果來做，配合不同的堅果，可以選用白巧克力與不同的香料，完成後不一定要撒糖粉，也可以撒楓糖或黑糖。請一定要試試看自己喜歡的組合。

Belgium

材料

砂糖	30g
水	10g
澳洲堅果（生）	100g
無鹽奶油	5g
白巧克力	100g
楓糖（粉狀）	適量

＊換成山胡桃、杏仁、榛果來做也很好吃。將灑在上面的巧克力換成苦巧克力或白巧克力，將楓糖換成可可粉或不會融化的糖粉、黑糖（粉末狀）等也不錯。

作法

1 將砂糖與水放入小鍋內，用中火熬煮糖漿。煮到濃度變濃且開始冒大氣泡，這中間都不要搖動鍋子與攪拌。

2 關火後放入澳洲堅果，用耐熱的橡膠刮刀翻攪到全體都平均沾上糖漿，一開始會黏糊糊的。

3 攪拌至堅果周圍的糖漿都變成白色結晶、粉粉的感覺。

4 再次開中火，一邊攪拌一邊炒澳洲堅果。讓結晶化的砂糖溶化並焦糖化。因為會出煙，請一定要開啟抽油煙機。全體都焦糖化而且變成琥珀色之後就關火。

5 加入奶油融化，讓全體都混合平均裹上，放在烘焙紙上散開，使其充分冷卻。

6 將白巧克力隔水加熱後放涼至人體溫以下的溫度，再將 5 倒入碗裡，加入 ¼ 融化好的白巧克力。

7 攪拌至巧克力變硬且出現光澤，一顆一顆各自分散。

Point

不要一次把巧克力全部倒入，分成多次倒入，一層一層裹上，比較能形成均度的厚度。

8 再倒入 ¼ 的白巧克力繼續攪拌。等到全部的白巧克力都倒入後，將澳洲堅果先從碗中移出，然後將碗中黏著的白巧克力放回火上加熱使其稍微溶化。然後再把澳洲堅果移回碗中，攪拌至一顆顆分開變硬。

9 趁表面還沒有完全乾燥時，灑上糖粉。

令人讚嘆的巧克力專賣店的數量和種類

比利時篇

來比利時旅行的目的，當然是探索巧克力！雖然是這樣，但看到遠遠超出我想像的巧克力點心的數量時讓我瞪大了眼睛。如果能從小就被這麼多的巧克力點心包圍的話，平常就可以隨時享用它們了吧。這個消費量完全可以理解。對比利時的人們來說，巧克力點心不是什麼高級特別的東西，而是日常生活上就常吃到的東西，心血來潮就會在店裡大量購買。我也每天都在各種店買來屯積，行李箱裡滿滿都是巧克力。

除了巧克力之外，加入特殊香料的傳統餅乾「Speculaas（肉豆蔻丁香餅乾）」、以獨特的作法做成的鼻子形狀果凍「Cuberdon（鼻子糖）」等地方點心也很有魅力。如果去歐洲名牌也能低價入手的跳蚤市場，光是逛糕點攤子跟餐具就夠我入迷了。

我是在聖誕季節造訪首都布魯塞爾的。傳統的耶穌誕辰祭裝飾、現代化的光雕投影和彩燈一起華麗地點綴了布魯塞爾大廣場。

西北部的布魯日是個安穩寧靜的小鎮。因為國土不大，去地方都市也可以當日來回。

布魯塞爾是跳蚤市場天國，可以去挖掘各種手作點心，現場交涉價錢。但大部分都是上了年紀不會說英文的人，所以要用法文交涉，嗯……有點難。

每條街都有的就是名產炸薯條、酒蒸紫貽貝。炸薯條可以淋上自己喜歡的醬，也可以淋有點微辣的「武士醬」。

用鼻子形狀的模子做的「鼻子糖」，原本以為是跟「Pâtes de fruits（法式水果糖）」一樣的果凍，結果一咬下去裡面出現了糖漿。口感獨特，是很不可思議的傳統點心。

奶油鰻魚與醃梅煮兔肉。是對習慣蒲燒的日本人來說會嚇一跳的黏滑口感。兔肉有著梅子的甘甜，很容易入口。

巧克力巡禮是不可或缺的樂趣。不愧是巧克力消費量全世界數一數二的國家，這裡有著完全可以接受的巧克力店鋪數量。這間店也有著美麗的巧克力擺設。

翻模巧克力是主流。海螺、帆船、連大佛頭的形狀都有！也常看到螺栓等工具形的巧克力。

幾乎都是量販店。有的店裡就擺著自動化的巧克力生產機，也有只在店頭販售巧克力點心成品的店。問店長「這機器大概多少錢呢？」得到了「可以買車的價錢」的回答。

雖然不常見到排滿蛋糕的蛋糕店與紅茶店，「Pierre Marcolini」或「DelRey」等高級巧克力專賣店裡也有蛋糕。當然大多是巧克力系的。

布魯日也全都是巧克力專賣店，但我在飯店前找到了很棒的沙龍。蛋糕用了很多水果，也有纖細的裝飾。

布魯日的簡約天鵝形和老鼠形狀巧克力都很可愛，不只有高級專賣店，一般便宜的伴手禮店也很多。

布魯塞爾的名店「Dandoy」。雖然是烤蛋糕店，鬆餅也很有名。酥脆的布魯塞爾風與使用發酵過的麵糊做的有麻糬口感的列日風都點來吃吃看了。

點了 Dandoy 的招牌餅乾與熱巧克力。滿滿都是比利時的甜點。

錦玉風法式水果軟糖

法式水果軟糖是將水果的果漿煮乾，用特別的果膠凝固的法國砂糖甜點。將其倒入平面板狀的模子中凝固後，再切成一口大小的四角形是經典作法，但這次試著用 Bon Bon Chocolate 的模子來做成各種圓形。一顆裡面組合了幾種不同種類的法式水果軟糖，散發出像和果子中的「錦玉」般的閃亮光澤般的甜點。

味道也加入了和風，使用柚子或黑醋栗的果汁來做。在果漿的種類及組合上下工夫的話，變化也多了起來。

France

材料　巧克力模子約 35 ～ 40 個份

木莓的法式水果軟糖

砂糖	8g
HM 果膠	3g
檸檬酸	2g
水	2g
砂糖	100g
麥芽糖	28g
冷凍覆盆子醬	63g
水	20g

柚子或黑醋栗口味時

| 砂糖 | 8g |

HM 果膠	3g
檸檬酸	2g
水	2g
砂糖	100g
米麥芽糖	28g
柚子果汁或黑醋栗汁	43g
水	40g

裝飾

| 細砂糖 | 適量 |

＊沒有細砂糖的話也可以用普通的砂糖。

HM 果是法式水果軟糖專用的果膠。可以在烘焙材料行買到。請不要買到果醬用的。檸檬酸可以在烘焙材料行或藥局買到。

柚子果汁、黑醋栗汁可以買市售品或自行榨汁。

事前準備
・把砂糖 8g 與 HM 果膠仔細混合備用。仔細攪拌開的話，加入果泥時比較不容易結塊。
・檸檬酸與水事先充份混合。
・量好砂糖 100g 後，在中心壓出凹痕，再把米麥芽糖放在中間的凹痕中來量份量。如此可以防止米麥芽糖黏住鍋子，比較容易使用到正常的份量。

作法

1　製作木莓的法式水果軟糖。將果醬放入小鍋中開火煮。用隔熱手套、一手拿著打蛋器一手扶著鍋子，邊攪拌邊加熱。到了 40 度左右，邊攪拌邊加入已混合的砂糖和 HM 果膠。

2　待其冒泡沸騰時再加入砂糖與水，混合溶化它們。

3　等完全溶成糖水後用耐熱橡膠刮刀由下往上翻攪，攪拌慢慢煮至水分蒸發。將溫度計插至鍋底，達到 106 度時關火。

4　加入加水化開的檸檬酸攪拌。

Point

加入檸檬酸後馬上就會變成泥狀慢慢凝固。將全體攪拌均勻後快速進行後面的步驟。

5 倒入模子中（如果是較大的模子，每一格只要倒一半）。作業進行得太慢的話會凝固，要盡快倒完。放在室溫下就會凝固了。

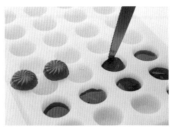

6 用刀子小心不要傷到軟糖本身進行脫模。然後再撒上微粒砂糖。

7 拿5～6個，切成4～5mm的小塊。放在每個模子的底部3～4個。

Point

切太大塊的話會從之後倒入的透明法式水果軟糖上凸出來，盡量切小一點。

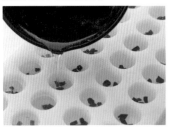

8 跟木莓口味相同，做柚子或黑醋粟法式水果軟糖。這裡是用柚子果汁（或黑醋粟汁）代替果醬，將果汁43g與水40g一起製作，加入檸檬酸之馬上倒入**7**的模子中。

9 同樣放在室溫下凝固，脫模之後裹上細砂糖。

各種果泥食譜

選擇果泥的種類，可以在透明水果軟糖中放入不同顏色的水果軟糖，搭配不同的顏色也是類趣之一。配方如下。請放入密封容器中，在陰涼的地方或冰箱內保存。也推薦冰了之後再食用。

粉紅色	冷凍白桃果泥 83g
橘色	杏子果泥 83g
紫色	冷凍黑醋粟果泥 53g 加 30g 的水
綠色	自家製青梅果泥 53g 加 30g 的水

＊生青梅用沸水滾三次去除澀味，待其變軟後去掉種子再用食物調理機打成果泥。也可以依喜好加入一點食用色素。

Roots of Recipes

食譜的根源

發現水果形狀的法式水果軟糖

法國的菓子店（使用砂糖做成的點心）架上一定會有的法式水果軟糖。基本都是只用一種果泥來製作，但最近也開始有加入兩種果泥製作的雙色版，或加入切碎的杏仁、羅勒或香草＊等，讓香氣更豐富，个同類型的法式水果軟糖越來越常見了。

在當地沒看過這種錦玉風的，但既然是在日本製作，我加入了一些和風的味道。

＊此處的香草非 Vanilla，而是草本植物的 Herb，亦可做香料植物或香藥草。

蘋果法式焦糖奶油酥

揉入滿滿奶油的發酵麵團，再灑上砂糖，散發著焦糖香味的法國布列塔尼的地方點心。

原本是可以仔細品嚐麵團美味的樸素地方點心，我試著把它與布列塔尼的名產蘋果組合起來。脆脆的口感與蘋果的水潤感很搭。

模子中也灑了滿滿的砂糖與奶油，好好烤出香味來是重點。

France

材料　　　上緣直徑約 7cm、底部直徑約 5.5cm 的馬芬蛋糕模子 12 個份

疊入的發酵麵團

無鹽奶油	10g
牛奶	107g
生酵母	8g
高筋麵粉	100g
低筋麵粉	65g
砂糖	18g
鹽	4g
無鹽奶油（疊入用）	100g

蘋果內餡

蘋果（紅玉）	1 個
砂糖	15g
依喜好添加的肉桂粉	少許

模子用

無鹽奶油	40g
砂糖	適量

＊生酵母也可以用乾酵母代替。這時候要用 3 ～ 4g。

作法

1　製作疊入用發酵麵團。將 10g 的奶油融化，加入牛奶攪拌，再加入生酵母攪拌至其溶化。

2　在別的碗中放入高筋麵粉、低筋麵粉、砂糖與鹽混合均勻，加入 **1** 裡面。用橡皮刮刀或隔板快速切入往上翻攪至看不出粉狀，再將其整理成一個麵團。有一點乾巴巴的也沒關係。

3　裝入塑膠帶中，用擀麵棍從上方將麵團擀成一邊 20cm 的正方形，放進冰箱裡醒麵 45 分鐘。

Point

因為在冰箱裡醒麵，可以讓其不要發酵過頭。

4　準備疊入用的奶油。將奶油切成 1cm 的厚片，用保鮮膜夾住後擀成 13cm 見方的正方形。從保鮮膜的上方用擀麵棍擀，使其厚度平均。讓奶油變成有點柔軟的狀態。

5　將醒好的麵皮與準備好的奶油如照片一般的擺放，從四邊將麵皮往中間包起來，用手指將接縫處確實壓合。

6　一邊灑少量麵粉（份量外）一邊用擀麵棍擀成長度變三倍的長條形。從正上方往正下方施力，將全體均勻的擀長。

7 從上方各往中間摺 ⅓，再對摺，共三褶，用擀麵擀輕輕壓一下。

8 把麵團轉 90 度，同樣擀成三倍長後再摺三褶。然後再裝入塑膠袋，放進冰箱 30 ～ 40 鐘後，再拿出來一樣對著兩向各自擀至三倍長再摺成三褶。這樣做合計三次之後，再一次放進冰箱中 30 ～ 40 分鐘。

9 製作內餡。蘋果去皮切成八等分的彎月形，再切成 5mm 厚的小扇形。撒上砂糖後，依喜好加入肉桂粉，蓋上保鮮膜。用 600 ～ 700w 微波 2 分鐘左右，然後放涼備用。

10 開始整型。把三褶的麵皮短邊擀長，擀成長 50cm 寬 16cm 的長條形後切成一邊約 8cm 的正方形 12 等份，放入冰箱中備用。

Point

為了不黏在一起，每一片中間都夾著保鮮膜疊起來，可以放在冰箱中冷凍保存。外面再用塑膠袋包起來才不會沾上冰箱的味道，這樣保存起來可以等想烤的時候再來整型。大約可以保存 2 週左右。

11 將在室溫下放軟的奶油厚地塗在模子的底部，側邊也塗至一半的高度（1 個約 3 ～ 4g）。然後再滿滿的撒上砂糖，傾斜模子讓側邊也都沾到砂糖。

12 將放在冰箱中的麵皮取出，回溫 5 分鐘左右。下側沾上砂糖，將蘋果內餡放上側，將麵皮從四個角往上包起來，把縫隙壓牢。

13 塞入準備好的模子中。在 28 ～ 30 度的地方放置 1 小時讓它發酵。如果溫度較低的話，發酵時間就要拉長。

Point

因為塗上滿滿的奶油與砂糖，烤好時會有一層脆脆的焦糖。

Point

把烤箱乾烤 15 ～ 20 秒後關上電源，再放進去用餘熱發酵也可以。溫度太高的話疊進去的奶油會融化，要小心。

14 用 210 度烤 15 分鐘。為了不要烤焦表面，包上一層鋁箔紙後再烤 6 分鐘左右。翻過來看背面，烤成香噴噴的焦糖色就完成了。

個性糕點洋溢的點心師憧憬之地

阿爾薩斯篇

知名點心職人輩出的阿爾薩斯，是所有點心師憧憬的地方。位於法、德國境地帶間，糕點深受德國文化影響，充滿個性，有機會一定要親自品嚐。

在中心的斯特拉斯堡，使用盛產的水果或辛香料烤成的塔——林茲蛋糕，以及有阿爾薩斯代名詞的「Kouglof（奶油圓蛋糕）」滿載，在這裡能得到不會違背期待的感動。

這是我第二次造訪巴黎，這次不是從最先進的烘焙店開始，而是刻意從菓子店（砂糖菓子專賣店）及以挑選地方甜點為拿手的選貨店展開巡禮。砂糖點心也很有地方色彩，這次邂逅了許多從未見過的東西，簡直與時髦又高級的印象截然不同，是巴黎人的庶民糕點。就像日本的零食一樣的樸素，十分有親切感。

阿爾薩斯的中心地斯特拉斯堡，同時受到法國與德國的影響，是有著獨特的文化和語言的城市。

雖然是個不大的城市，但光是進行點心巡禮就可以花掉一兩天，到處都是烘焙名店。

蒙布朗被稱為「Torche Omaron」。Torche 是火炬的意思。在生奶油上面淋上條狀栗子泥，在上面再用生奶油裝飾是經典。

阿爾薩斯的名產「Baeckeoffe（砂鍋燉煮料理）」是豬肉、雞肉、蔬菜與名產的白酒一起蒸煮的食物。像薄皮披薩的「Tarte flambée（火焰餡餅）」也是名產之一，兩者都像在品嚐德國料理。

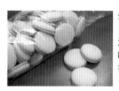

外表看起來像馬卡龍的「Pan Danis」，不是奶油夾心，而是阿尼斯風味麵團的味道。香味很有個性，我很喜歡。

德國點心的代表「Linzer Torte（林茲蛋糕）」是在林茲塔上加上裝飾，成為阿爾薩斯的經典。加了少許香料的麵團與黑醋栗或覆盆子果醬的組合等，我在不同的店買了很多不同的林茲蛋糕。

阿爾薩斯也是水果的名產地，烘焙坊主要都陳列販售著水果塔，水果的排列方式與裝飾展示了各種技巧，就算只有水果也非常的美麗。

「Kouglof」奶油圓蛋糕也是名產之一。在日本只要是 Kouglof 的形狀都可以叫做奶油圓蛋糕，但在阿爾薩斯是指像 Brioche（甜麵包）一樣的發酵麵團所做的蛋糕，大部分裝飾著酒漬葡萄、葡萄乾、杏仁等。

這裡陳列有著美麗圖案的「Kouglof」奶油圓蛋糕模子。

庶民零食與地方糕點巡禮

巴黎篇

選貨店與砂糖點心店的巡禮。我看到了沒見過的鄉土點心與難得一見的果醬。集合了各地的甜點，不愧是巴黎。

色彩豐富的翻糖（糖漿結晶化後的東西）與法式水果軟糖的組合。

在市場一定可以看到賣樸素糕點的店。販售著巨大的尺寸外布列塔尼的名產「Kouign Amann（法式奶油酥）」。

這是第戎的地方傳統點心「Nonette（九重奏）」。也有在香料味濃郁的麵團「Pain d'épices（香料鬆餅）」中夾入柑橘蛋糕的夾心蛋糕。

集合法國各地稀有色砂糖甜點的馬爾裘先生的店。全都是第一次見到的東西！他針對各種甜點一一為我做了說明。

牛軋糖與塔等，每一樣都寫著詳細的說明。看來有許多對巴黎人來說也不熟悉的地方點心。

連糖漬「Angelica（蜂斗菜的一種）」、糖漬梅干、糖漬辣椒都有！也有去掉種子煮乾成梅子醬的。

法國最古老的糖果「Négus」。在糖果之中有牛奶糖。設計古典的盒子也很棒。

里昂的名產「Coussin de Lyon」。把法式水果軟糖或巧克力甘納許用有利口酒香味的杏仁糖霜包起來。

我造訪的時候剛好是Violet（薰衣草）的時節，高級超市中陳列著薰衣草做的果泥或糖果。

法式甜點也有薰衣草口味的棉花糖、馬卡龍、法式蛋糕等。可以看到地方甜點和最先進的甜點也是巴黎的樂趣之一。

後記

從旅行中得到靈感而生的原創食譜，大家覺得如何呢？

因為把原本的鄉土甜點做了變動，如果是在當地吃過這些正宗點心的人，大概會說：「完全不一樣！」即便如此我還是盡量寫出了容易製作、容易入口、而且也盡量帶入了各國的氣氛，若大家能感受到那種氛圍那就太好了。

當收到從國外來的土產甜點時，覺得「甜過頭了吃不下去」、「不好吃」等等，只好丟掉，我覺得非常可惜。只要把材料的使用方法或組合方法稍加改變，根據所下的工夫，就可以產生合我們胃口的新美味。

我在進行各國的甜點巡禮時，並不是在想「好吃」或「不好吃」，而是想要去理解「為什麼

俄羅斯

沒有在這本書介紹的國家的甜點們

希臘

西班牙

喬治亞

Spain

在馬德里挑戰了大排長龍的油條與熱巧克力的店。油條完全不甜，但熱巧克力超甜！甜到我只喝得下半杯……

卡塔尼亞地方的點心「奶油加泰隆尼亞」。比焦糖布丁還輕，比日本的卡士達布丁還濃厚。這是味道剛剛好的美味。

托萊多的名產「扁桃仁糖骨」。原本是修道院中製作的甜點，用杏仁粉、蜂蜜、砂糖揉在一起後做出形狀再烘烤。像龍一樣卷起來的東西好像是做成了鰻魚的形狀。

這個甜點會這麼受地方的人們喜愛呢？」。

例如「甜過頭」也是有很多理由的。因為砂糖是富裕的象徵，越甜越能誇示權力。除了顯示權力之外，夏天也容易消耗熱量，為了增加能量而加了更多砂糖等。除了去本地品嚐當地的美味之外，感受當地的氣候及人文，學習歷史等，如此應該更能接近那個地方甜點的「本質」吧。而且，從了解文化背景著手，更能寫出發揮該國魅力的甜點食譜來吧。

藉由我在專欄中介紹過的旅行中的模樣，及在當地邂逅的甜點照片等，如果也能與各位讀者分享我所體驗的文化，我會很開心的。如果有機會的話，請各位務必親自動身前往，用自己的舌頭來感受當地的味道！

Georgia

中亞的國家喬治亞的銘菓是細長的「чурчхела（丘爾其赫拉）」。將核桃或榛果用線連接起來，多次浸泡在加了粉的葡萄汁中，中間也不停的拿起來晾乾。有自然的甜味，口感與「米粉糕」有點類似。

蛋糕店不多，感覺並不是平常會常吃的東西。料理教室裡年輕人們很熱情的努力學習著製作蛋糕，不久的將來蛋糕店應該會增加吧。

一告訴他們我是蛋糕師後，他們說：「讓你們嚐嚐味道！」因此做了幾種不同的蛋糕。

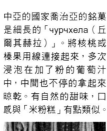

Russia

在喬治亞熟絡起來的俄羅斯夫婦告訴我的，裹著棉花糖的巧克力「Bird Milk*」。意思是「難以相信的好滋味」。

＊ Bird Milk 由波蘭語「Ptasie Mleczko」而來，意為鳥奶。

Greece

在米科諾斯島的糕點店中看到了介於阿拉伯的果仁甜餅與歐洲的派點心中間的甜點。

附錄

與在往喬治亞的班機上遇見的卡塔爾的鷹匠的合照。在好吃的甜點之外，遇見各式各樣的人也是旅行的醍醐味。

TITLE

熊谷裕子　迷人的甜點私旅

STAFF　　　　　　　　　　　　　　　　　　　　　　　**ORIGINAL JAPANESE EDITION STAFF**

出版	瑞昇文化事業股份有限公司	撮影	北川鉄雄
作者	熊谷裕子	菓子製作アシスタント	田口竜基
譯者	張懷文	レイアウト	中村かおり（Monari Design）
		編集	オフィスSNOW（畑中三応子、木村奈緒）
總編輯	郭湘齡		
責任編輯	張聿雯		
文字編輯	徐承義　蕭妤秦		
美術編輯	許菩真		
排版	沈蔚庭		
製版	印研科技有限公司		
印刷	桂林彩色印刷股份有限公司		

法律顧問　　立勤國際法律事務所　黃沛聲律師
戶名　　　　瑞昇文化事業股份有限公司
劃撥帳號　　19598343
地址　　　　新北市中和區景平路464巷2弄1-4號
電話　　　　(02)2945-3191
傳真　　　　(02)2945-3190
網址　　　　www.rising-books.com.tw
Mail　　　　deepblue@rising-books.com.tw

初版日期　　2020年7月
定價　　　　320元

國家圖書館出版品預行編目資料

熊谷裕子 迷人的甜點私旅 / 熊谷裕子作
; 張懷文譯. -- 初版. -- 新北市：瑞昇文
化, 2020.06
96面；18.2x25.7公分
譯自：焼き菓子アレンジブック
ISBN 978-986-401-418-7(平裝)

1.點心食譜

427.16　　　　　　　　　　109005819